Dirk Mangartz

111 HARLEY-STORIES DIE MAN KENNEN MUSS

emons:

INHALT

NO
PARKING

PRODUKTIONSSTÄTTEN | 156

PROTOTYPEN | 166

SKURRILES | 178

EREIGNISSE | 200

MILITÄR UND POLIZEI | 214

BEIWERK | 226

Vorwort

Die Geschichte der amerikanischen Motorradmarke Harley-Davidson ist reich an Facetten. Seit 1902, als sich zwei Freunde in einer winzigen Hütte den Traum einer eigenen Motorradfirma erfüllten, kurvt die Motor Company durch unzählige Höhen und Tiefen. Mal kämpfte sie ums blanke Überleben und schon ein paar Jahre später befand sie sich wieder im Höhenrausch und feierte sagenhafte Verkaufserfolge. Der Konzern stellte sich Wirtschaftskrisen, überlebte diverse Übernahmen und vereinnahmte selbst so manches Unternehmen. Unterwegs feierte Harley-Davidson zahlreiche Rennsiege, entwickelte technische Innovationen und kümmerte sich rührend um die treuen Markenfans. Vor allem im neuen Jahrtausend legte die Marke ein atemberaubendes Entwicklungstempo vor, das nicht nur der eigenen Tradition, sondern auch der Zukunft der Mobilität Rechnung trägt.

All diese Facetten behandelt dieses Buch ausführlich, jedoch nicht langatmig und ermüdend. In 111 Einzelgeschichten präsentiert sich die Biografie von Harley-Davidson besonders spannend und unterhaltsam. In dieser thematisch geordneten Chronik finden sich historische Fakten, kaum bekannte Anekdoten und kuriose Abenteuer, die einen völlig neuen Blick auf die Marke aus Milwaukee eröffnen.

Denn, obwohl eine Harley-Davidson sachlich betrachtet lediglich ein Kraftrad für den Weg von A nach B ist, so verbirgt sich hinter dem »Bar and Shield«-Logo doch viel, viel mehr. Die Motorräder mit dem charakteristischen V2-Motor transportieren neben Fahrer und Sozius gleichwohl auch den amerikanischen Traum. Sie sind ein Symbol von Freiheit und Unabhängigkeit und vereinen auf magische Weise eine gigantische Schar an Anhängern zu einer großen Familie. All diesen unterschiedlichen Typen – den gemütlichen Tourenfahrern, den durchtrainierten Mackern, den schnellen Track-Racern und den toughen Chopper-Ladies, den Altrockern, den E-Bikern und den Individualisten mit ihren verrückten Custombikes – ist dieses Buch gewidmet.

Dirk Mangartz

Belebende Konkurrenz: Seit Anfang des 20. Jahrhunderts stehen die Marken Harley-Davidson und Indian im erbarmungslosen Wettbewerb.

FRÜHWERKE

Indian
SCOUT
HARLEY

1 Silent Grey Fellow

Ein leiser grauer Kamerad

Kurz nach der Jahrhundertwende zeigte sich die westliche Welt begeistert von den neuesten technischen Errungenschaften. Ernest Rutherford entdeckte Alpha-, Beta- und Gammastrahlen, der Deutsche Christian Hülsmeyer entwickelte das Radar, die Brüder Wright überraschten mit ihren Motorflugkünsten. Schreibmaschine, Staubsauger sowie Telefon wurden erstmals auf den Weltausstellungen präsentiert. Und charismatische Unternehmer wie Henry Ford, David Buick oder James Packard standen in den Startlöchern, um erste Motorfahrzeuge zu konstruieren.

Zeitgleich planten die Herren Harley und Davidson in Milwaukee den Bau von Motorrädern. Sie ahnten, dass der Individualverkehr die Welt verändern würde, strebten doch allein in den USA drei Millionen Fahrradfahrer nach motorisierter Fortbewegung. Da müssten sich Motorräder in großen Stückzahlen an den Mann bringen lassen, dachten sich die Jungunternehmer. 1903 stand das erste Serienmodell von Harley-Davidson bereit zum Verkauf. Es basierte auf einem bereits 1901 entworfenen De Dion-Nachbau. Die beiden hatten den Hubraum von 167 ccm auf 405 ccm angehoben und den Rahmen verstärkt. Der Motor leistete 3 PS und hatte ein automatisches Einlassventil. Die Kraft wurde ohne Getriebe über einen Lederriemen ans Hinterrad geleitet, gefedert war lediglich der Sattel. 1906 stieg der Hubraum auf 440 ccm, die Leistung auf 4 PS. Auffälliger war die neue Lackierung in vornehmem Grau, was der Maschine den Kosenamen »Silent Grey Fellow« (leiser grauer Kamerad) einbrachte. Im Jahr 1909 stieg der Hubraum abermals – auf 494 ccm. Silent Grey Fellow galt als äußerst zuverlässig und erwarb sich in den USA einen hervorragenden Ruf.

Auch nachdem Harley-Davidson 1909 Motorräder mit V-Zweizylinder ins Programm aufgenommen hatte, verkauften sich die Einzylinder prächtig – 35 Angestellte fertigten 1149 Motorräder. Die Singles wurden behutsam modellgepflegt, erhielten sukzessive eine Hinterradnabe mit integrierter Kupplung, ein mechanisches Einlassventil oder ein Zweiganggetriebe. Das vertraute Grau als Grundfarbe blieb bis 1917 erhalten, erst danach wurden die Einzylinder olivgrün lackiert – bis zur Produktionseinstellung 1918.

Zeitgenössische Werbung: So präsentierte Harley-Davidson das Einzylindermodell im Jahre 1910.

HARLEY-DAVIDSON
MOTOR CYCLE
1910
ALWAYS A TRUSTY FRIEND

2 Model 5D

Der erste V-Twin

Dass sich Harley-Davidson bewusst war, mit der Neuentwicklung von 1909, dem ersten V-Twin der Marke, einen wahren Mythos loszutreten, darf bezweifelt werden. Vermutlich wollten die Firmengründer lediglich ein besonders kräftiges und zuverlässiges Motorrad auf den Markt bringen. Dass sich der luftgekühlte V-Zweizylindermotor mit einem Zylinderwinkel von 45° zum Markenzeichen der Firma entwickeln und Jahrzehnte später geradezu kultig verehrt werden würde, konnten sie zu diesem Zeitpunkt nicht ahnen.

Als erste Harley mit V-Zweizylindermotor war das Model 5D von 1909 noch weitgehend aus Teilen der Einzylinder-Typen zusammengesetzt. So war zwar die Kurbelwelle neu entwickelt worden, doch Zylinder, F-Head-Zylinderköpfe, Rahmen und Riemenantrieb stammten unverändert von den kleineren Modellen. Weil die Zuverlässigkeit der 810-ccm-Maschine nicht an die beinahe unkaputtbaren Einzylinder heranreichte, konzipierten die Ingenieure für 1911 ein verbessertes Modell. Das Model 7D punktete mit zwangsgesteuerten Ventilen sowie einem deutlich verstärkten Fahrgestell und erwarb sich alsbald einen guten Ruf.

1912 wuchs das V-Twin-Motorrad zur vollwertigen Tausender. Nach und nach erhielten die 11 bis 16 PS starken Bikes eine Kupplung, Zweiganggetriebe oder Kettenantrieb zum Hinterrad. Kontinuierlich verbessert blieb der wechselgesteuerte 61-Kubikinch-Zweizylinder bis 1921 im Programm. Harley-Davidson bot zudem eine breite Palette an Sonderzubehör an, um das universell einsetzbare Motorrad individuellen Käuferwünschen anpassen zu können. Neben Touring-Accessoires konnten auch technische Komponenten für den ernst zu nehmenden Sportbetrieb erworben werden.

Der starke und robuste V-Twin ließ die Umsätze der Harley-Davidson Motor Company in ungeahnte Höhen schnellen. Mit 28.980 verkauften Motorrädern und mehr als 2000 Mitarbeitern galt das Unternehmen 1920 als größter Motorradhersteller der Welt.

Eine frühe Harley-Davidson mit V2-Motor kann noch heute für eine Ost-West-Durchquerung geeignet sein: Das gezeigte Model 10F, Baujahr 1914, absolvierte 2016 über 5300 Kilometer quer durch die USA.

HARLEY
DAVIDSON
3417 Miles in 17 Days
MOTORCYCLE
26
CANNONBALL
H-D

3 Twenty-One

The Peashooter

Nach acht Jahren Unterbrechung bot Harley-Davidson 1926 erstmals wieder Motorräder mit Einzylindermotor an. Damit hatte man in Milwaukee ein konkurrenzfähiges Produkt gegen die Prince aus dem Hause Indian im Angebot. Im Modell Solo leistete ein 350 ccm großer Seitenventilmotor 8 PS. Parallel dazu wurde die obengesteuerte Version Sport Solo mit 12 PS produziert. Eine schnelle Rennsportvariante mit Sager-Gabel und 27-Zoll-Rädern, die als Peashooter (Pusterohr) bekannt wurde, bereicherte das Portfolio. Ab 1929 erschien der Seitenventil-Einzylinder auch in einer auf 500 ccm vergrößerten Ausführung als Model Thirty-Fifty. Der Rohrrahmen war nun stabiler ausgeführt, und ab 1932 kam eine verbesserte Springergabel zum Einsatz.

Mit den anspruchslosen Einzylindern hatte Harley-Davidson die richtigen Produkte für die ausklingenden Zwanzigerjahre im Programm. Die durch den New Yorker Börsencrash im Oktober 1929 ausgelöste Weltwirtschaftskrise ließ Finanzströme, Welthandel und Industrieproduktion drastisch zurückgehen. Beinahe ein Drittel der amerikanischen Berufstätigen war ohne Job, viele Firmen gaben für immer auf. Unter den Motorradherstellern brach ein erbitterter Verdrängungswettbewerb aus. Bis 1931 verschwanden alle amerikanischen Motorradmarken mit Ausnahme von Indian und Harley-Davidson vom Markt. Dank eines strengen Sparkurses, straffer Händlerpolitik und konsequenten Managements gelang es der Motor Company zu überleben.

Bis 1935 fertigte Harley-Davidson die als »Baby-Harley« belächelten Einzylinder-Modelle mit 350 und 500 ccm weiter. Sie verkauften sich in den USA zunehmend schlechter, wurden aber erfolgreich nach Großbritannien, Australien und Neuseeland exportiert und halfen so tatkräftig mit, die schweren Jahre zu überstehen. Doch Mitte der Dreißigerjahre vermarktete der Konzern seine Motorräder mehr und mehr als Luxus- und Freizeitgeräte. Die Einzylinder hatten ausgedient, fortan konzentrierte man sich auf die Weiterentwicklung der V2-Motoren.

Wirtschaftskrise, Börsencrash und Arbeitslosigkeit: Die kleine Einzylinder-Harley kam Ende der 1920er Jahre genau zur richtigen Zeit.

HARLEY-
DAVIDSON

4 J-Modell

Das komfortabelste Motorrad der Welt

In den 1920er Jahren gab es in den Vereinigten Staaten einen unübersehbaren Trend zu größeren Motorrädern – einerseits um auch mit Seitenwagen flott unterwegs sein zu können, auf der anderen Seite bestand bei vielen Kunden der Wunsch nach potenten Luxus- und Freizeitgeräten. Aus diesem Grund stellte Harley-Davidson den bisherigen 1000-ccm-Modellen 1922 mit dem J-Modell eine ausgewachsene 1200er zur Seite. Ihr wechselgesteuerter 74-cui-Motor ermöglichte eine Höchstgeschwindigkeit von mindestens 110 km/h, wichtiger waren indes der hohe Fahrkomfort und die sprichwörtliche Langstreckentauglichkeit.

Typisch für die J-Modelle waren zwei Aussparungen an der Unterseite des Benzintanks, um die Kipphebel der Einlassventilsteuerung unterbringen zu können. Der Schalthebel befand sich an der linken Tankseite, der meistens in der charakteristischen Standardfarbe »Brewster Grün« lackiert war. 1925 modernisierte Harley-Davidson das Styling der Big Twins. Dank eines neuen Rahmens konnte der Sattel tiefer positioniert werden, der Tank näherte sich dem rundlichen »Teardrop«-Design an, und breitere 26-Zoll-Ballonreifen ließen die Maschine stämmiger aussehen. Zudem verbesserte sich die Sitzposition, was den J-Modellen den Ruf der »komfortablesten Motorräder der Welt« einbrachte.

Das sportlichere Modell JD mit zwei Nockenwellen debütierte im Jahr 1928. Dank angehobener Motorleistungen waren Geschwindigkeiten von bis zu 160 km/h möglich. Da verwunderte es kaum, dass Harley-Davidson zeitgleich erstmals eine Vorderradbremse für die Big Twins einführte. Im Laufe der Jahre konnte zudem wahlweise ein Drei- oder Vierganggetriebe geordert werden. Erst mit der Ablösung der wechselgesteuerten J-Modelle durch die neuen Seitenventiler folgte der nächste große Entwicklungsschritt bei Harley-Davidson.

Modelle wie die 27J von 1927 verfügten bereits über die bis heute typische Bauform mit 45°-V2-Motor. J-Modelle galten als langstreckentauglich und zuverlässig.

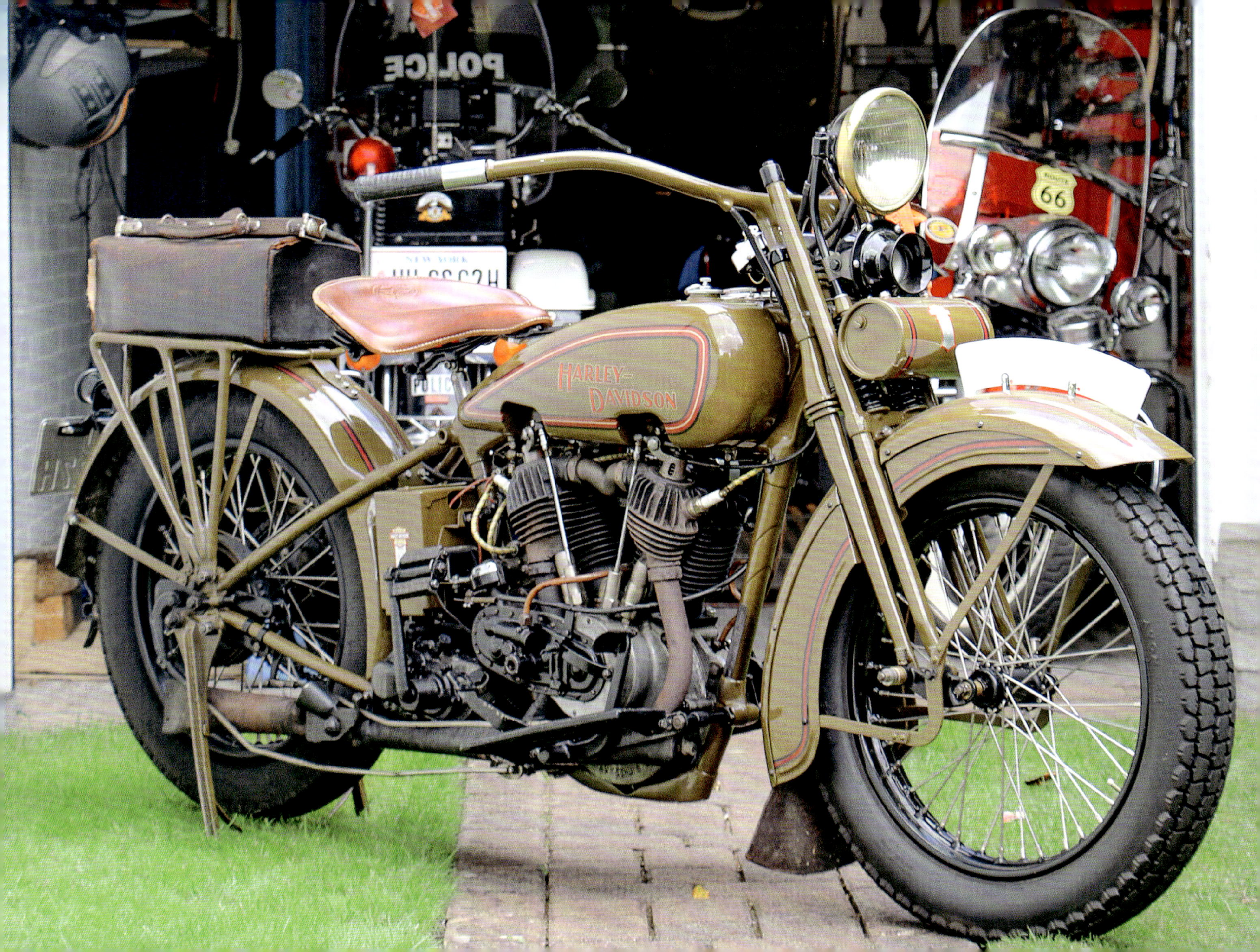
POLICE
NEW YORK
66
HARLEY-
DAVIDSON

5 Big Flat

Arbeitstier und Sportskanone: Harley-Davidson V und U

Bereits 1922 hatte Harley-Davidson das Modell »74« präsentiert und dessen Hubraum auf 1200 ccm (74 cubic inches) angehoben. Durch die archaische Wechselsteuerung der Ventile waren Drehzahlfestigkeit und Leistungswille allerdings stark eingeschränkt. Als Ende der 1920er Jahre die kleineren 750er-Modelle mit einem seitengesteuerten Motor ausgestattet wurden, dauerte es nicht lange, bis auch die großen 1200er von der moderneren Technik profitierten. 1930 kam der erste Big Twin mit der Typenbezeichnung »V« auf den Markt. Wegen des flachen, verrippten Zylinderkopfes wurden diese Typen von den Motorradfahrern schon bald »Flathead« (Flachkopf) getauft.

Kontinuierliche Verbesserungen führten dazu, dass sich die Flatheads als zuverlässige Gebrauchsmotorräder bewährten. Polizei und Armee schworen genauso auf die Ausdauer und Zugkraft der großen Harleys wie clevere Geschäftsleute, die schwere Seitenwagen an die »V«-Modelle hängten. Aber auch im Motorsport machten die Seitenventiler Schlagzeilen. Motorräder von Harley-Davidson waren in beinahe sämtlichen Klassen des materialmordenden Wettbewerbs siegreich. Vor allem Rennmaschinen auf Basis der schnellen VLH-Modelle dominierten die US-amerikanischen Dirt-Track- oder Hillclimb-Wettbewerbe.

Im Jahr 1936 wurde in der Juneau Avenue das Modell U präsentiert, das über einen neuen Rahmen und ein dynamischeres Design verfügte. Topmodelle der Baureihe wurden die UH und ULH mit einem abermals vergrößerten V-Twin und nun 80 cubic inch Hubraum, also mehr als 1300 ccm. Der mächtigste aller Flathead-Motoren basierte auf dem 1200er-Triebwerk und leistete fast 40 PS. Weil die »U«-Modelle zudem als äußerst standfest und wartungsarm galten, stellten sie zunächst sogar die kommende Modellgeneration, die ebenfalls 1936 vorgestellte Knucklehead mit ohv-Zylinderköpfen, in den Schatten. Erst nachdem deren Kinderkrankheiten kuriert waren, traute sich die Harley-Gemeinde auch an die neue Technik.

Die Mächtigste aller Flatheads: Ein gewaltiger Hubraum von über 1300 ccm kennzeichnet die ULH von 1937.

HARLEY-DAVIDSON

6__ Knucklehead

Meilenstein und Traummaschine

Endlich, nach vielen Jahren Weltwirtschaftskrise und Massenarbeitslosigkeit, schien sich Mitte der 1930er Jahre die Rezession langsam abzuschwächen. Die Manager in der Juneau Avenue in Milwaukee beschlossen voller Optimismus die Entwicklung eines völlig neuen Harley-Davidson Spitzenmodells. Umgehend machten sich die Ingenieure um William S. Harley und Bill Ottaway an die Arbeit, um ein modernes, leistungsstarkes V2-Aggregat zu entwickeln. Sie setzten dabei auf moderne Zylinderköpfe. Statt seitlich angeordneter Ventile verfügte der neue Motor über Kopfsteuerung, die eine spürbar höhere Leistungsausbeute ermöglichte. Wegen der typischen Knöchel-Form des Zylinderkopfdeckels erhielt das Triebwerk schnell den Kosenamen »Knucklehead«. Mit dem neuen 1000-ccm-ohv-Motor war auch die Verlustschmierung passé, bei der das zur Schmierung benötigte Motoröl auf der Straße landete. Ab sofort sorgte eine Pumpe für kontinuierlichen Ölkreislauf.

Das moderne Design der Maschine mit dem Typenkürzel »E« sollte Maßstäbe setzen. Die schwungvolle Stromlinienform und ein neu gestylter Benzintank mit aufgesetzter Instrumentenkonsole setzten eindrucksvolle stilistische Akzente. Die Knucklehead prägte über Jahrzehnte das typische Erscheinungsbild eines amerikanischen Bikes. Bis heute orientieren sich die Formen klassischer US-Bikes an ihrer vom Art déco geprägten Ästhetik.

1936 kam die Knucklehead erstmals in die Schaufenster der Händler und wurde von den Kunden umjubelt. Mit 37 PS erreichte die »E« stattliche 145 km/h Höchstgeschwindigkeit. Die sportliche »EL« stand mit 40 PS noch besser im Futter. Eine weitere Leistungssteigerung erfuhr die Knucklehead 1941, als ihr Hubraum von 1000 ccm auf 1200 ccm angehoben wurde.

__ Höchstgeschwindigkeit 145 km/h: Der erste ohv-Motor von Harley-Davidson machte die E-Modelle zu sportlichen Luxusbikes.

So modern und wegweisend die Knucklehead in den 1930er und 1940er Jahren auch war, heute gilt sie vielen Motorrad-Enthusiasten als *die* klassische, traditionelle Harley schlechthin. Begehrt, kostbar und noch immer erstaunlich schnell. Zumal ihr stilistischer und technologischer Einfluss bis in die aktuelle Modellpalette spürbar ist.

HARLEY-DAVIDSON
1936

Bereits die frühen Motorräder aus Milwaukee galten als großvolumige, luxuriöse Reisemotorräder. Chrom und Glamour zählten schnell zu den Erkennungsmerkmalen einer Harley-Davidson.

CYCLERAY
HEAD LAMP
GUIDE

Die Electra Glide ist der Archetypus eines Big Twins von Harley-Davidson. Der 1200-ccm-Shovelhead-Motor des 1976er-Modells leistet 60 PS.

MEILENSTEINE

Harley-Davidson

— Mit den Softail-Modellen hat Harley-Davidson einen echten Dauerbrenner im Programm, der die gesamte Bandbreite von Roadster über Tourer bis zum Muscle Bike abdeckt.

7_ Hydra Glide

Mit Telegabel in die Zukunft

In den 1940er Jahren kam die Produktion von zivilen Motorrädern fast vollständig zum Erliegen. Sämtliche Kapazitäten im Werk Milwaukee wurden dringend für den Einsatz im Zweiten Weltkrieg benötigt. Doch bereits zwei Jahre nach Beendigung des Krieges konnte die Company den boomenden Privatmarkt mit einer überraschenden Neukonstruktion bedienen. 1947 präsentierte Harley-Davidson einen neuen Big-Twin-Motor, der die Nachfolge des ehrwürdigen Knucklehead-Aggregats antrat. Technisch wusste der 45°-V2 zu gefallen: Mit Zylinderköpfen aus Aluminium und hydraulischem Ventilspielausgleich galt er zu seiner Zeit als hochmodernes Triebwerk. Aufgrund seiner Ventildeckel in Bratpfannenform tauften die Fans den 1000-ccm- und 1200-ccm-V2 auf den Namen »Panhead«.

Eingebaut wurde der Motor in einen neu entwickelten Doppelschleifen-Stahlrohrrahmen, den Wishbone Frame. Als vordere Radaufhängung mühte sich jedoch noch immer eine antike Springergabel ab. Da bei den opulenten Tourenmaschinen der Fahrkomfort schon immer großgeschrieben wurde, musste dringend eine moderne Federung für das Vorderrad her. Also ersetzte Harley-Davidson bereits im zweiten Modelljahr der Panhead die Springergabel gegen eine hydraulisch gedämpfte Telegabel.

Wie wichtig der Company die fortschrittliche Gabel war, belegte der zukünftige Beiname der Baureihe, Hydra Glide. Der Begriff stellte die Telegabel in den Mittelpunkt sämtlicher Innovationen. Bequemlichkeit und Straßenlage gewannen beträchtlich hinzu, Harley-Davidson war es erneut gelungen, die Königin der Tourenmotorräder auf den Markt zu bringen. Doch allzu lange sollte es nicht dauern, bis auch die Tage des holpernden Starrrahmens gezählt waren. Anfang der 1950er Jahre wurde in Milwaukee fieberhaft an der Entwicklung einer effizienten Hinterradfederung getüftelt. Doch das ist eine andere Geschichte …

__ Bei der Hydra Glide kam erstmals eine Telegabel zum Einsatz. Das Hinterrad der 1200er war noch immer ungefedert.

8 K-Modell

Eine Nummer kleiner

Anfang der 1950er Jahre waren Motorräder aus dem Vereinigten Königreich bei jungen US-Boys schwer angesagt. Die englischen Twins ließen sich schnell, wendig und gegenüber einer gewaltigen Panhead geradezu sportlich bewegen. Um den Bikes von Triumph, Norton oder BSA Paroli bieten zu können, entwickelte die Motor Company 1952 das Modell K. In der »K Sport Solo« feierten sowohl das gefederte Heck als auch die Telegabel Premiere bei Harley-Davidson. Zudem wurde das Getriebe wie bei den europäischen Erfolgsmodellen mit dem Fuß geschaltet. Ihr V-Twin verfügte über 750 ccm, Motor und Getriebe bildeten erstmals eine Einheit. Erstaunlicherweise setzten die Ingenieure in Milwaukee bei ihrer Neuerscheinung auf seitliche Ventile. Auch wenn der Motor eine völlige Neukonstruktion war, erinnerte er damit an die Vorgängerbaureihe, die erfolgreichen WL-Modelle. So ein Flathead-Motor entwickelte ein mächtiges Drehmoment und gab sich gutmütig im Alltag, seine Abneigung gegen höhere Drehzahlen verhinderte allerdings eine konkurrenzfähige Leistungsausbeute.

Da das 750-ccm-Triebwerk lediglich 30 PS an das Hinterrad schickte, stand Harley-Davidson unter Zugzwang und erhöhte ab dem Jahrgang 1954 für das Modell KH 55 den Hubraum auf 888 ccm. Die Leistung stieg auf immerhin 38 PS, doch an der Ampel und auf dem Highway waren die britischen Twins noch immer schneller. Die Company sah sich genötigt, den Tourencharakter der K hervorzuheben, und präsentierte im Zubehörprogramm Tourenkoffer, Buddyseat und Windschutzscheibe.

Obwohl die K-Modelle auf der Straße als nur mittelmäßig dynamisch galten, waren sie in der Lage, Erfolge im Rennsport zu feiern. Vor allem bei Dirt Track Races zeigten sich die leistungsgesteigerten KR- oder KK-Rennmaschinen von ihrer besten Seite. 1957 legte Harley-Davidson auch für Privatfahrer ein Brikett nach und präsentierte den Nachfolger der K-Reihe. Die Sportster getaufte Kreation basierte auf der K, verfügte nun aber über ohv-Zylinderköpfe und galt schon bald als ein echtes Superbike der 1960er Jahre.

Als Reaktion auf die wendigen und schnellen Zweizylinder aus England brachte Harley-Davidson 1952 die dynamische K Sport Solo auf den Markt.

NEW
Brilliant and
Beautiful

9_ Sportster

Superbike, Frauenmotorrad und Allrounder

1957 gelang der Company endlich ein ernst zu nehmender Schlag gegen die wendigen Bikes aus England, die vor allem bei jungen US-Bikern bestens ankamen. Nachdem sich die K-Modelle als zu schwachbrüstig erwiesen hatten, konnte es die Sportster mit ohv-Zylinderköpfen auch mit den stärksten Britbikes aufnehmen. Die Sportster verfügte über ein modernes Fahrwerk mit hydraulischer Telegabel. Ihr V-Motor mit 45°-Zylinderwinkel schöpfte seine Leistung aus einem Hubraum von 883 ccm und bildete eine Einheit mit dem Getriebe. Die schlanke Maschine mit dem Typenkürzel XL schlug ein wie eine Bombe. Wer eine dynamische und stilvolle Harley-Davidson suchte, entschied sich ab sofort für die Sportster.

Unzählige Versionen folgten der ersten Sporty, etwa 1958 die leistungsgesteigerte XLCH, die als echtes Superbike galt, oder 1959 die komfortablere XLH, ab 1967 mit E-Starter ausgestattet. 1972 kletterte der Hubraum der XL-Modelle auf 1000 ccm, 1978 wurde ein neuer Rahmen eingeführt, der bereits 1982 einem abermals verbesserten Fahrgestell weichen musste. 1986 schließlich profitierte die Sportster vom grundlegend neu entwickelten Evolution-Motor mit 883 oder 1100 ccm. Vor allem die 1988 präsentierte Hugger mit besonders niedriger Sitzhöhe kam auch bei den weiblichen Fans bestens an.

Dass die Sporty sich nicht vom brutalen Superbike zum soften Anfängermotorrad gewandelt hatte, belegten die 1995 erschienenen 1200er-Modelle wie die athletische XL 1200 S und die Custom-Variante XL 1200 C. Vor allem die neue Sportster-Generation ab 2014 genügte den Ansprüchen, die an simple Fahrbarkeit und hohen Komfort sowie an dynamische Fortbewegung gestellt wurden. Für geringere Vibrationen war der Motor in Gummi gelagert. Schärfere Nockenwellen und High-Flow-Zylinderköpfe hoben die Leistung an.

So treten die aktuellen Sportster-Modelle zielsicher in die Fußstapfen ihrer Ahnen von 1957. Sie bleiben sich auch nach über 60 Jahren stets treu und zeichnen sich noch heute durch ihr unnachahmliches Styling aus. Dabei sind sie fahrstabiler, bequemer und dynamischer als je zuvor.

— Weil die K-Modelle nicht sportlich genug waren, um die schnellen Triumph, BSA und Norton in Schach zu halten, setzte Harley-Davidson ab 1957 bei der Sportster auf ohc-Zylinderköpfe.

HARLEY-DAVIDSON
1957
SPORTSTER

10__ Duo Glide

Der Starrrahmen hat ausgedient

Wir befinden uns im Jahr 1958. Über die breiten Straßen der USA schaukelten chrombehangene Fullsize-Limousinen wie Chevrolet Impala, Lincoln Mark IV oder der raketengleich gestaltete Cadillac Series 62. Die Heckflossenmode steuerte unübersehbar ihrem Höhepunkt entgegen. Auch das Topmodell der Harley-Davidson Palette, die Hydra Glide, passte sich mit buntem Lack, viel Chrom und einer gewaltigen optischen Präsenz perfekt dem amerikanischen Geschmack an. Ihr drehmomentstarker V2-Motor mit satten 1200 ccm war sozusagen das Äquivalent zu den souveränen V8-Motoren der Straßenkreuzer. Doch anders als die weich gefederten Luxusschlitten verzichtete die Hydra Glide auf eine hintere Federung und schmälerte so den Fahrgenuss. Nachdem bereits die kleinere Sportster über ein gefedertes Hinterrad verfügte, stand für die Ingenieure in Milwaukee fest, dass sie das Fahrwerk ihres Spitzenmodells gründlich überarbeiten mussten.

Also wurde die Hydra Glide mit ihrem antiken Starrrahmen für das Modelljahr 1959 durch das neue Modell Duo Glide ersetzt – nach neun Jahren Produktionszeit. Zwei hydraulisch gedämpfte Federbeine stützten die Hinterradschwinge gegen das neu gestaltete Rahmenheck ab. Durch diese Maßnahme vergrößerte sich nicht nur der Komfort für die Passagiere – vor allem auf schlechten Wegstrecken –, auch das Fahrverhalten verbesserte sich signifikant. Die Verkaufsbezeichnung Duo Glide wies selbstbewusst auf die doppelte Federung hin. In der Werbung sprach Harley-Davidson gar von einer »3-Point Suspension«, einer Dreifachfederung. Denn zusätzlich zu den Rädern war auch der Sattel beweglich aufgehängt.

Am neuen Modell fanden sich darüber hinaus weitere Modellpflegemaßnahmen. Die Hinterrad-Trommelbremse wurde nun hydraulisch unterstützt, der Motor erhielt größer dimensionierte Kurbelwellenlager und verrippte Ventildeckel. So gerüstet, fühlten sich auch Fahrer von pompösen Cadillac-Schlachtschiffen auf der Duo Glide wohl.

__ Die Schwinge im Heck machte 1958 aus der Hydra Glide die Duo Glide. Fahrkomfort und Straßenlage profitierten gewaltig vom gefederten Hinterrad.

HARLEY-DAVIDSON
FLH

11 Electra Glide

Der unscheinbare Knopf am Lenker

Wer Mitte der 1960er Jahre ein souveränes Tourenmotorrad mit überdurchschnittlich hohem Reisekomfort suchte, kam nicht an einer Harley-Davidson FL/FLH vorbei. Zu den mächtigen Duo Glides mit ihrem 1200 ccm großen V-Motor existierte am Markt kaum eine Alternative. Mit breitem Buddy Seat, Windschild, Trittbrettern und Seitenkoffern bettete der »King of the Highway« seine Passagiere so kommod wie kaum ein anderes Motorrad. Einzig der Startvorgang per Kickerpedal verlangte Geschick, Kraft in der Wade und manchmal, wenn der Motor nicht sofort anspringen wollte, auch eine gehörige Portion Ausdauer.

Um auch beim Starten des Motors ultimativen Luxus bieten zu können, mussten sich die Entwickler allerdings etwas einfallen lassen. Die japanischen Hersteller hatten es längst vorgemacht und ihre deutlich kleineren Bikes mit fortschrittlichen elektrischen Startern bestückt. Also adaptierte auch die Company einen Elektrostarter an den altehrwürdigen Panhead-Motor. Voller Stolz taufte sie das 1965 gelaunchte Flaggschiff auf den Namen »Electra Glide«, ein griffiger Titel, der sich noch heute im Modellprogramm wiederfindet.

Um den Knopfdruck-Starter betreiben zu können, musste die gesamte elektrische Anlage auf 12 Volt umgestellt und eine deutlich stärkere Batterie implantiert werden. Die damit verbundene Gewichtszunahme führte dazu, dass der Rahmen versteift und die überforderten Bremsen verstärkt wurden. Der Motor erhielt durch den Einbau einer anderen Nockenwelle und die Anhebung der Verdichtung satte 8 PS mehr Leistung. Am Ende brachte die FLH Electra Glide 38 Kilogramm mehr auf die Waage als ihre Vorgängerin Duo Glide.

Dank Elektrostarter war mit Einführung der Electra Glide im Jahr 1965 die Zeit des mühsamen Ankickens endgültig vorbei.

Nur ein Jahr lang stand die erste Electra Glide mit dem mittlerweile 18 Jahre alten Panhead-Motor in den Schaufenstern der Händler, bis 1966 mit dem Shovelhead eine neue Motorengeneration präsentiert wurde. Selbstverständlich hatte auch diese Maschine den komfortablen Druckknopf am Lenker. Und natürlich trug auch sie wieder den Namen Electra Glide.

12__ Super Glide

Das erste Designerbike

Mit der neuen Super Glide griff Harley-Davidson erstmals die Wünsche einer neuen Kundschaft auf, die keine schwerfällige, altmodische und brave Tourenmaschine fahren wollte. Der junge Chefdesigner Willie G. Davidson hatte sich im Milieu umgehört und festgestellt, welche Art Motorrad die neue Generation – geprägt von Flowerpower und Outlaw Biker Gangs – bevorzugte. Gegen den Willen der konservativen Skeptiker in der Company präsentierte der junge Kreativdirektor 1971 eine stilvolle Kombination aus 1200-ccm-Motor, Doppelschleifenrahmen und 16-Zoll-Hinterrad der Electra Glide mit der schlanken Gabel und dem 19-Zoll-Vorderrad der Sportster-Modelle. Das Ganze garnierte er mit einem neu gestalteten 3,5-Gallonen-Tank und einem auffälligen Fiberglas-Heckteil. Schnell wurde die anfangs nur in Schwarz oder Weiß erhältliche Super Glide von der Szene »Night Train« oder »Midnight Express« getauft.

Doch das massige, »Boat Tail« genannte Heck kam bei der Kundschaft nicht an. Schnell legte das Designteam das Ruder um und montierte ab Modelljahr 1973 ein traditionell gestyltes Hinterradschutzblech. Von da an verkaufte sich die Neue in großen Stückzahlen. 1974 änderte sich zudem die Typenbezeichnung von FX zu FXE, als ein komfortabler E-Starter das bis dahin ausschließlich angebotene Kickerpedal ergänzte. Dieser kluge Schachzug kurbelte die Verkäufe weiter an. Schon bald wurde die FXE zur erfolgreichsten Modellreihe von Harley-Davidson und zur Urmutter einer ganzen Serie von Custom-Maschinen innerhalb der Modellpalette.

Mit seinem feinen Gespür für die Bedürfnisse der amerikanischen Motorradfahrer hatte Willie G. mitten ins Schwarze getroffen. Die ewigen Zweifler in der Harley-Chefetage waren endlich verstummt. Dank der erfolgreichen Super Glide war es nun ausdrücklich gewünscht, dass sich der Designer auf Treffen und Partys umhörte, um Trends zu beobachten und zu erfahren, wofür sich die Szene begeisterte.

__ Kennzeichen der ersten Super-Glide-Generation von 1971 war das markante, aber seinerzeit unpopuläre »Boat Tail«-Heck.

HARLEY-DAVIDSON
AMF
SUPER GLIDE

13 Wide Glide

Versöhnung mit den Outlaws

Das Image der Outlaw-Biker-Szene war eng mit den Motorrädern aus Milwaukee verknüpft, fuhren die Clubmitglieder doch mit Vorliebe individuell umgebaute Chopper auf Harley-Basis. Dennoch ignorierte Harley-Davidson diesen unfreiwilligen Zusammenhang zunächst hartnäckig, distanzierte sich gar konsequent von der neuen Kundschaft. In den Augen der Geschäftsführung waren Harley-Käufer ausschließlich brave Bürger und sportliche Herrenfahrer. Vor allem familiengeführte Vertragshändler in den ländlichen Gegenden zwischen South Carolina und Idaho weigerten sich, den neuen Kundenkreis – bestehend aus langhaarigen Revoluzzern mit ihren abenteuerlich umgebauten Bastelbuden – zu akzeptieren.

Ab Anfang der 1970er Jahre fand ein Umdenken statt. Die jungen Biker machten mittlerweile einen beträchtlichen Teil der Kundschaft aus, und ihre Kaufkraft trug letztlich zum Überleben der finanziell angeschlagenen Marke bei. Außerdem begriff man, dass sich das »Böse-Buben-Image« erstaunlich positiv auf das eigene Ansehen auswirkte. Outlaw Biker waren cool. Und dieser Glanz strahlte auch auf »normale« Motorradfahrer ab.

Offiziell war der Bann erst im neuen Jahrzehnt gebrochen. Designer Willie G. Davidson bewies einmal mehr ein sicheres Gespür und schuf 1980 mit der FXWG Wide Glide ein knackig gestaltetes Motorrad, das eindeutig die Stilmittel der Rockerbikes zitierte. Mit Flammenlackierung auf dem Benzintank, breiter Gabel und schmalem 21-Zoll-Vorderrad sorgte die Maschine für mächtig Aufsehen in der Szene. Ihr 1340-ccm-Shovelhead-Motor leistete – wie bei den weiterhin angebotenen Tourern – rund 60 PS. Aber das Wichtigste: Die Wide Glide entsprach bereits ab Werk den Wünschen der neuen, jungen Kundschaft. Sie musste nicht erst aufwendig in der Werkstatt zum Custombike umgebaut werden.

Custombike ab Werk: Die Wide Glide von 1980 mischte geschickt die Stilmittel der Chopper-Szene mit der Professionalität eines Serienmotorrads.

Von nun an hatte sich die Marke mit den Bikern, den Gangs und Hippies versöhnt, und sei es nur aus wirtschaftlichen Erwägungen heraus. Denn die Wide Glide verkaufte sich prächtig und gilt heute zu Recht als Meilenstein in der Geschichte von Harley-Davidson.

14 Softail

Der Rahmen macht's

Seit Einführung der FL Duo Glide im Jahr 1958 hatte Harley-Davidson bei seinen Big-Twin-Modellen auf Doppelschleifen-Stahlrohrrahmen mit Hinterradschwinge und zwei Federbeinen gesetzt. Auch Electra Glide und Super Glide verfügten über dieses klassische Fahrwerkslayout. Doch nach wie vor galt für viele US-Biker die Optik des traditionellen Starrrahmens mit ungefedertem Heck als das Nonplusultra.

1984 hatte Milwaukee ein Einsehen und präsentierte mit dem Modell FXST das erste Fahrzeug mit völlig neu entwickeltem Rahmen. Dieser Softail Frame erinnerte vom Aussehen an einen Starrrahmen, verwöhnte seine Fahrer aber mit adäquatem Komfort – dank Dreiecksschwinge mit zwei unter dem Motor platzierten Federbeinen.

Auch bei den Anbauteilen überzeugte die FXST Softail mit klassischen Chopper-Tugenden. Großes 21-Zoll-Vorderrad, stark gekröpfter Buckhorn-Lenker, zweiteiliger Fat-Bob-Tank und ausgeprägte Stufensitzbank sprachen die Traditionalisten unter den Motorradfahrern an. Motortechnisch basierte die erste Softail auf dem 1984 eingeführten Evolution-Aggregat, das anders als sein Vorgänger mit dem Nickname »Shovelhead« vollständig aus Aluminium hergestellt wurde. An der Entwicklung des ohv-Triebwerks mit dem von den Shovel-Typen übernommenen Hubraum von 1340 ccm und dem Harley-typischen Zylinderwinkel von 45° war das deutsche Porsche-Versuchszentrum maßgeblich beteiligt. Materialgüte, Toleranzen des neuen Motors und in Folge Laufkultur sowie Zuverlässigkeit sollten sich als mustergültig erweisen.

Die Verkaufszahlen der Softail schnellten vom ersten Verkaufsjahr steil nach oben und halfen kräftig mit, die Company zurück in die Gewinnzone zu führen. Konsequent wurde die Softail-Familie daher über viele Jahre weiterentwickelt. Es folgten unzählige Softail-Varianten, und auch nach der Einführung eines neuen Fahrwerks mit einem einzelnen Federbein unterhalb der Sitzbank im Jahr 2017 bleibt der Name Softail erhalten.

Der neue Rahmen der Softail erinnerte an Starrrahmen und sorgte so für eine klassische Linie. Die Federung des Hinterrads versteckt sich in einer Dreiecksschwinge mit unterhalb des Getriebes angeordneten Stoßdämpfern.

MOTOR
HARLEY-DAVIDSON
CYCLES
EIGHTY CUBIC INCHES

15 Fat Boy

Schwarzeneggers Dienstkrad

Für die Bike Week 1988 in Daytona Beach hatten sich die beiden Harley-Designer Willie G. Davidson und Louie Netz etwas ganz Besonderes ausgedacht. Sie wollten mit relativ geringem Aufwand aus einer Softail einen echten Eyecatcher kreieren. Dazu bestückten sie ihren Prototypen mit soliden Scheibenrädern aus Aluminiumguss, schufen passende, knappe Fender und entwickelten eine freche Shotgun-Auspuffanlage. Das minimalistische Design brachte den Evolution-V-Twin mit 1340 ccm erst richtig zur Geltung und schlug ein wie eine Bombe.

Folgerichtig präsentierte Harley-Davidson 1990 das entsprechende Serienbike mit dem markanten Namen »Fat Boy«, welcher die massive Präsenz der Neuheit unterstreichen sollte. Zunächst war die Fat Boy ausschließlich mit monochrom silbernem Lack, silbern beschichtetem Rahmen sowie gelben Akzenten an Ventildeckeln und weiteren Details erhältlich. Vor allem dieses Urmodell wirkte wie eine edle Skulptur, dabei wohlproportioniert, muskulös und lässig im Auftritt. Schnell entwickelte sie sich zum veritablen Verkaufsschlager und zählte bald zu den erfolgreichsten Modellen im Harley-Davidson Verkaufsprogramm.

Die eindrucksvolle Erscheinung der Fat Boy machte sich auch die Filmindustrie in Hollywood zunutze. So war 1991 eine schwarz lackierte Fat Boy in »Terminator 2« unter Arnold Schwarzenegger als wortkargem Fahrer zu sehen, und auch in »Terminator: Genisys« tauchte eine Fat Boy als markante Requisite auf. Eine der Maschinen aus »Terminator 2« kann übrigens im Harley-Davidson Museum in Milwaukee besichtigt werden.

Bis heute produziert die Company Modelle unter dem Namen Fat Boy. Und noch immer hat die Baureihe nichts von ihrer ursprünglichen Popularität eingebüßt. Die aktuellen Motorräder mit dem Typenkürzen FLFB sind kräftiger, flacher, breiter und böser geworden, doch genau wie 1990 umweht die Fat Boy diese unvergleichliche Mixtur aus Noblesse und Coolness.

Minimalistisch gestaltet, mit 16-Zoll-Scheibenrädern und knappen Schutzblechen bestückt: Die Fat Boy ist das Designerstück unter den Harleys der 1990er Jahre.

16 V-Rod

Viva la Revolution

Seit 1994 setzte Harley-Davidson erfolgreich die Werksrennmaschine VR 1000 in der AMA-Superbike-Rennserie ein, nahm an Superbike- und BoTT-Rennen teil. Ihr hochmodernes, wassergekühltes Triebwerk mit vier Ventilen pro Zylinder, je zwei oben liegenden Nockenwellen und einem Zylinderwinkel von 60° unterschied sich gewaltig von den bekannten V2-Motoren. Warum also, fragte man sich in der Harley-Entwicklungsabteilung, sollte man nicht ein brandneues, leistungsfähiges Serienmotorrad rund um diesen famosen Motor konstruieren?

Ganz so einfach sollte es nicht werden, ein kompromissloses Renntriebwerk für den Straßenverkehr zu zivilisieren. Doch in enger Zusammenarbeit mit dem Porsche Entwicklungszentrum in Weissach gelang es, den »Revolution« getauften Sportmotor zur Serienreife zu bringen. Aus 1131 ccm schöpfte der kurzhubige V2 spritzige 117 PS, Drehzahlen bis 9000 Umdrehungen gingen ihm locker von der Hand. 2001 wurde das Ergebnis dieser Überlegungen erstmals der Öffentlichkeit präsentiert. Das Premierenmodell V-Rod eröffnete den Reigen der völlig neu entwickelten VRSC-Modellreihe. Auch bei Fahrwerk und Design unterschied sich die erste flüssigkeitsgekühlte Harley-Davidson deutlich von ihren traditionellen Geschwistern. Um den Schwerpunkt zu senken, lagerten die Ingenieure den Kraftstoff unter dem Sitz. Dort, wo man den Tank vermutet hätte, befand sich eine voluminöse Airbox. Statt lackierter Teile kam bei den meisten Details blankes Metall zum Einsatz. Scheibenräder aus Aluminium unterstrichen den soliden Eindruck.

Sechs Jahre später ergänzte die Night Rod Special das Portfolio. Schwarz lackiert und brutal gestylt, übernahm sie den Part des Drag-Style-Bikes. Passend dazu erhielt der Revolution-Motor ab 2008 eine kräftige Leistungsspritze: Aus 1246 ccm sprudelten nun 125 PS. Weitere Spielarten der VRSC-Baureihe waren die stämmige V-Rod Muscle und der fahraktive Roadster Street Rod. Zum Modelljahr 2018 verschwanden dann sämtliche Typen mit Revolution-Motor aus dem Programm von Harley-Davidson. Die klassischen Big Twins mit 45°-V2 hatten die Moderne überlebt.

Die 2002 präsentierte V-Rod erinnerte in kaum einem Detail an die klassischen Milwaukee-Schlegel – und war dennoch sofort als echte Harley-Davidson erkennbar.

Arcadia
199 N. SECOND AVENUE
ARCADIA, CA. 91006
626-574-6900
ELL
PERFORMANCE
HARLEY-DAVIDSON

17__ Street und Street Rod

Die Kleine aus Indien

Leicht hatte es die Harley-Davidson Street nie. Als die Company die 750er im Jahr 2015 erstmals präsentierte, war die traditionelle Harley-Gemeinde geschockt. Zu modern der flüssigkeitsgekühlte 60°-Revolution-X-V2 mit oben liegenden Nockenwellen und vier Ventilen pro Zylinder, zu abstrakt die Fertigung im fernen Indien statt in den USA. Schließlich musste eine echte Harley für viele konservative US-Biker aus Amerika kommen. Punkt.

Auch in Europa nahm der Verkauf der Street nicht richtig Fahrt auf. Denn gegen die angestammte Konkurrenz aus Japan tat sich die Neue schwer. Vor allem in Asien, wo die Street auch mit 500-ccm-Motor erhältlich war und als echtes Bigbike galt, stiegen die Verkäufe jedoch sprunghaft an. Schließlich kam und kommt man kaum günstiger an das begehrte Markenlogo auf dem Tank. In Europa und in den USA hingegen markierte die Street den Einstieg in die Welt von Harley-Davidson. Mit niedrigerer Sitzhöhe, relativ geringem Gewicht und sanfter Gasannahme richtete sie sich vor allem an Fahranfänger, Kleingewachsene und Gelegenheitsfahrer.

2017 gönnte die Motor Company der Street ein Upgrade. Als Street Rod erhielt sie einen schärferen Motor mit nun 71 statt 58 PS. Der drehfreudige V2 verhalf dem kleinen Drag Bike zu erstaunlichen Fahrleistungen. Statt mit ausgeprägtem, aber archaisch-kaltblütigem Charakter wie ihre größeren Markengeschwister punktet die XG 750 A mit Drehzahlgier und Spritzigkeit. Passend dazu wurde das Fahrwerk mit Upside-down-Gabel, Federbeinen mit externem Ausgleichsbehälter und Doppelscheibenbremse aufgewertet. Ein Performance-Heckteil und der flachere Dragbar-Lenker verhelfen der agilen Kleinen zudem zu einem deutlich aggressiveren Design. So ist die Street Rod zwar keine typische Harley-Davidson vom alten Schlag geworden, aber eben ein modernes Motorrad.

__ Die Harley-Davidson Street ist ein Versuch, auch in der Mittelklasse Fuß zu fassen. Bislang bleiben die Verkäufe der 500er und 750er hinter den Erwartungen zurück.

HARLEY-DAVIDSON

18 LiveWire

Elektrisch in die Zukunft

2014 überraschte Harley-Davidson die Motorradwelt mit einem äußerst mutigen Entwurf. Project LiveWire hieß die Studie, die so völlig anders aussah als typische Motorräder der US-Marke. Vor allem aber brach sie dank des Elektroantriebs mit den Cruiser-Kernkompetenzen wie sattem Hubraum und »good vibrations«. Ausgerechnet Harley-Davidson, der Verfechter des üppig-derben Verbrennungsmotors, startete damit nicht nur einen elektrischen Versuchsballon, sondern kündigte an, eines der führenden Unternehmen in der Elektrifizierung von Zweirädern zu werden.

2019 konkretisierten sich die Elektromotorrad-Pläne. Nach ausgiebiger Entwicklungszeit hatte die Company mit der LiveWire ein Serienmotorrad auf die 17-Zoll-Räder gestellt, das konzeptionell meilenweit von den V2-Geräten der eigenen Vergangenheit entfernt war. Es basierte auf der Studie von 2014, sein 74 PS starker Elektroantrieb wird über eine Lithium-Ionen-Batterie gespeist. So sprintet die LiveWire von 0 auf 60 mph (96 km/h) in beachtlichen drei Sekunden, ihre Höchstgeschwindigkeit liegt bei 177 km/h. Wie lange man das satte Drehmoment genießen kann, hängt stark vom Einsatzbereich und vom Temperament des Fahrers ab. In der Stadt sind bis zu 225 Kilometer möglich, auf der Autobahn oder im Winterbetrieb kann die Reichweite auf 100 Kilometer sinken. Dann lässt sich der Akku in 40 Minuten von 0 auf 80 Prozent aufladen. Der Rahmen der LiveWire ist aus Aluprofilen geformt, die Federelemente von Showa sind voll einstellbar. Brembo-Bremsen, Vernetzung mit dem Mobiltelefon, Kurven-ABS und Traktionskontrolle zählen zum Ausstattungsumfang des durch und durch modernen Motorrads. Bereits die Sitzposition der LiveWire, die den Piloten fahraktiv zwischen schmalem, flachem Lenker und mittig angeordneten Fußrasten integriert, signalisiert, dass für Harley-Davidson ein neues, dynamisches Zeitalter angebrochen ist.

Ab 2019 baut Harley-Davidson auch auf Elektromobilität. Die LiveWire ist ein gewagter, aber gelungener Beitrag zur Zukunft der Motor Company.

Und hier noch die gute Nachricht für alle Traditionalisten: Bei aller Innovationskraft der LiveWire werden die klassischen V-Twin-Modelle unverdrossen weitergebaut und weiterentwickelt. Die Harley-Geschäftsführung betont vollmundig: »Solange es Benzin gibt, werden wir Motorräder mit Verbrennungsmotor bauen.«

19__ Pan America und Bronx

Neue Kunden mit mutigen Konzepten

Auf der Messe EICMA 2019 in Mailand hat Harley-Davidson erstmals zwei völlig neue Motorräder vorgestellt, die außer ihrem V2-Motorenkonzept nicht viel mit den herkömmlichen Bikes aus Milwaukee gemeinsam haben. Bei den sensationellen Neuheiten handelt es sich um die Bronx, ein sportliches Naked Bike, und die Pan America, ein Adventure-Bike im Stil der verkaufsstarken BMW R 1250 GS.

Beide Motorräder werden von einem neu entwickelten Revolution-Max-Aggregat angetrieben, das modernstem Motorenbau entspricht. Der V-Twin mit 60°-Zylinderwinkel ist flüssigkeitsgekühlt, er verfügt über vier Ventile pro Zylinder und zwei oben liegende Nockenwellen. In der Bronx wird er aus 975 ccm rund 115 PS abgeben, die größere Version mit 1250 ccm wird mehr als 145 PS leisten und die Pan America befeuern. Die Antriebseinheit wird als tragendes Element in die Rohrrahmen von Streetfighter und Großenduro implantiert. Zur Verringerung der Vibrationen erhält der Revolution Max zudem eine Ausgleichswelle.

Die neuen Motoren punkten mit einem deutlich moderneren Layout als die traditionellen, luftgekühlten ohv-V-Twins der Marke und verhelfen in Folge zu wesentlich sportlicheren Fahrleistungen. Zumal Harley-Davidson neue Kooperationen mit dem Bremsenhersteller Brembo und der Reifenmarke Michelin eingegangen ist, was auch fahrwerkseitig die Erwartungen hochschraubt.

So mancher Skeptiker, der mit Harley-Davidson ausschließlich klassischen US-Motorenbau und ausschließlich Chopper-, Bagger- oder Bobber-Style verbindet, reibt sich beim Anblick der markenuntypisch gestalteten Bikes die Augen. Doch die Company hat nicht etwa Nachfolger für Sportster oder Softail vorgestellt, sondern eine eigenständige »Middleweight«-Baureihe gelauncht, die sich an dynamische Motorradfahrer vor allem in Europa richtet – an eine neue Generation von Harley-Fahrern. Beide Modelle werden für das Modelljahr 2021 verfügbar sein.

__ Pan America und Bronx: Harley-Davidson sieht große Chancen bei Adventure-Bikes und Roadstern nach europäischem Zuschnitt.

HARLEY-DAVIDSON
brembo

Bereits bei ihrer Vorstellung im Jahr 2020 zeichnet sich ab, dass sich die Softail Standard zu einem der beliebtesten Modelle im Programm von Harley-Davidson entwickeln wird.

Testfahrt auf leeren Straßen: Walter Davidson kurz vor einer Proberunde mit einer Silent Grey Fellow im Jahr 1908.

SCHLÜSSELFIGUREN

HARLEY-DAVIDSON

20 William S. Harley und Arthur Davidson

Die Gründer

William S. Harley und Arthur Davidson besuchten dieselbe Schule in Milwaukee. Noch vor der Jahrhundertwende nahmen sie einen Job bei einer metallverarbeitenden Firma an – Bill als technischer Zeichner, Arthur als Gussformenbauer. Beide galten als begabte Tüftler und interessierten sich brennend für Technik. Sie träumten davon, ein motorisiertes Zweirad zu entwickeln, mit dem seine Fahrer schnell und zuverlässig auch weite Strecken zurücklegen konnten. Als sie von dem sensationellen Viertaktmotor der französischen Marke De-Dion-Bouton erfuhren, beschlossen sie kurzerhand die Fertigung eines eigenen Motors.

In den Kellerräumen ihrer Elternhäuser richteten sich die beiden eine Werkstatt ein, sie gossen Motorgehäuse und feilten Pleuel aus einer Stahlplatte. Den 116-ccm-Motor verbauten Harley und Davidson in einen Fahrradrahmen und unternahmen erste Spritztouren. Doch der Schnüffelventil-Viertakter war weder kräftig genug, noch überzeugte seine Zuverlässigkeit. Auch der Fahrradrahmen erwies sich als zu instabil. Doch die beiden hatten Blut geleckt. Zumal Arthurs Bruder Walter Davidson, ein erfahrener Eisenbahn-Mechaniker, und auch der älteste Davidson-Bruder William ihre Teilnahme an dem Projekt zugesagt hatten. Gemeinsam entwickelten sie einen optimierten Motor mit 405 ccm. Sie konnten nun eine Drehbank und den Maschinenpark einer befreundeten Schlosserei benutzen. Unter Verwendung eines verstärkten Rohrrahmens stellten die Jungunternehmer ein erstaunliches Zweirad auf die Räder.

Platz für die neu gegründete Harley-Davidson Motor Company fand sich in einem 3 x 4,6 Meter kleinen Schuppen im Hinterhof der Davidsons. Doch die Firma wuchs so schnell, dass die gestiegene Nachfrage nach Harley-Davidson Motorrädern bereits 1906 zum Umzug führte. Eine neu errichtete Fabrik an der Juneau Avenue in Milwaukee ermöglichte die Fertigung von 50 Maschinen im Jahr. 1909 bauten 35 Angestellte bereits 1000 Motorräder pro Jahr. Der Traum von William S. Harley und Arthur Davidson war in Erfüllung gegangen. Mit Ideenreichtum, Fleiß und robustem Pioniergeist hatten die beiden Freunde den Startschuss für eine amerikanische Ikone abgefeuert.

Anno 1907: Die Firmengründer vor dem Büro der Harley-Davidson Motor Company in Milwaukee.

SHOP
ENTRANCE
OFFICE
CO.

21 Generationswechsel und Firmenübernahme

Neue Besen kehren gut

Am 21. April 1937 starb mit William A. Davidson nicht nur einer der Gründerväter der Marke, sondern auch die »gute Seele« der Company, die auch das Wohlergehen der Angestellten im Blick hatte. Seine Nachfolge als Manager der Marke trat zunächst William Ottaway an, der kurze Zeit später von Williams Sohn, William Herbert Davidson, abgelöst wurde.

Nachdem am 7. Februar 1942 der charismatische Präsident Walter Davidson und am 18. September des gleichen Jahres mit William S. Harley ein weiterer Gründer verstorben war, übernahm die zweite Generation vollends die Leitung der Motorradfirma. Zum Vorstand zählten nun William J. Davidson, Gordon Davidson und Robert P. Nortmann. Mitglieder der beiden Familien bekleideten in dieser Phase stets wichtige Ämter innerhalb des Unternehmens. So war William Harleys Sohn John ab Mitte der 1940er Jahre Leiter der Zubehörabteilung. Walter C. Davidson, Neffe von Arthur, stieg 1943 zum Direktor auf, 1951 zum Vizepräsidenten. Die dritte Generation betrat Ende der 1950er Jahre die Bühne. Williams Sohn John A. Davidson arbeitete sich zielstrebig vom Leiter der Händlerbetreuung ab 1961 zum Präsidenten von Harley-Davidson hoch. Sein Bruder Willie G. Davidson übernahm ab 1963 die Leitung der Designabteilung.

Ende der 1960er Jahre liefen die Verkäufe bei Harley-Davidson schlecht, der Mischkonzern AMF erwarb im Jahr 1969 die Aktienmehrheit und damit die Marke. Mit der Übernahme durch die AMF schwand gleichzeitig der Einfluss der Familienmitglieder auf die Motor Company. Das neue Management sorgte für einen strengen Wind und ein Ende der behüteten Atmosphäre. Aufgrund anhaltender Meinungsverschiedenheiten nahm zuerst Vizepräsident Walter Davidson jr. seinen Hut, CEO William H. Davidson, der Vater von Willie G., trat 1973 nach 45-jähriger Firmenzugehörigkeit zurück. Von nun an hatten Manager das Sagen, die nicht aus der Gründerfamilie stammten, etwa Dick O'Brian, E. Gus Davis, Vaughn L. Beals ab 1977 und Charles K. Thompson ab 1980. Der einst so stabile Chefsessel von Harley-Davidson war zum Schleudersitz geworden.

Die Protagonisten der zweiten Generation – hier Gordon Walter jr. und Allan Davidson – sind zwar 1929 noch blutjung, aber bereits im Motorradfieber.

HARLEY-
DAVIDSON
PACKAGE TRUCKS
HARLEY-DAVIDSON

22 Willie G. Davidson

Chefdesigner und Aushängeschild

Als Sohn von William H. Davidson und Enkel von Harley-Mitbegründer William A. Davidson zählt Willie G. Davidson zur dritten Generation der Gründerfamilien der Marke. Bereits als Jugendlicher wuchs der 1933 geborene Willie G. mit Motorrädern auf. Sie sollten seine große Liebe werden – neben seiner Leidenschaft für Formgestaltung. Nachdem er sein Studium im Fachbereich Bildende Künste an der University of Wisconsin abgeschlossen hatte, wechselte er zum Art Center College of Design in Pasadena, der führenden Schule für Fahrzeugdesign. Anschließend fand er eine Anstellung in der Formentwicklung bei Ford in Detroit. 1963 ging er dann zu Harley-Davidson und übernahm die Leitung der Design-Abteilung.

Für Harley-Davidson erwies sich Willie G. als echter Glücksfall. Durch sein Interesse an der Custom-Szene gab er der Modellpalette wegweisende Impulse. Mit sicherer Hand entwarf er markante Typen wie die FX Super Glide oder die Wide Glide, die sich an den Chopper-Umbauten von kreativen Customizern orientierten und damit den biederen Mief vergangener Jahre über Bord warfen. Dabei musste er sich wiederholt gegen den Widerstand der Geschäftsleitung durchsetzen, die bislang Distanz zu Outlaws und Garagenbastlern gehalten hatte.

Doch Willie G. war weit mehr als ein begnadeter Formgestalter. Eifrig besuchte der Motorradnarr Bikeshows, Rallys und Messen, um sich mit frischen Ideen zu versorgen. Mit seiner offenen Art kam er in Kontakt zu Harley-Fahrern, Bike Buildern und Fans der Marke. Schon bald wurde er als Repräsentant von Harley-Davidson wahrgenommen. Viele Jahre lang galt er als Botschafter der Marke mit dem »Bar & Shield«-Logo, als das Bindeglied zwischen der Company und den Besitzern einer Harley-Davidson. 49 Jahre lang hielt er engen Kontakt mit der Szene und war immer selbst ein Teil davon.

Willie G. war eine der 13 Führungskräfte, die 1981 Harley-Davidson von AMF zurückkauften, er zeichnete verantwortlich für das Styling sämtlicher Baureihen, und seine nahbare Ausstrahlung prägte das Image der Marke entscheidend mit. Erst mit 78 Jahren, am 30. April 2012, beendete Willie G. seine Arbeit für die Company.

Bereits in den 1960er Jahren entdeckt der spätere Designchef Willie G. Davidson seine Passion für die Formgestaltung von Motorrädern.

23 Bill Davidson, der neue Markenbotschafter

Die vierte Generation

Auch heute noch spielen Mitglieder der Gründerfamilien eine gewichtige Rolle bei der Company. Während der letzte Angehörige des Harley-Clans, John Harley, 1978 aus der Firma ausschied, sind die Davidsons noch immer präsent. Karen Davidson etwa, Urenkelin des Gründers der Harley-Davidson Motorcycle Co., William Davidson, und Tochter des ehemaligen Chefdesigners Willie G., arbeitet als »Director of Harley-Davidson Motor Clothes«. Gemeinsam mit ihrem Bruder Bill zählt sie zur vierten Generation des Harley-Davidson Clans. Bill ist ebenfalls für die Motor Company tätig und zu einem medienwirksamen Aushängeschild der Marke herangewachsen.

Bill Davidson sammelte seine ersten Erfahrungen mit den Motorrädern der Marke ab 1984 auf einer Harley-Davidson M 50. Bald darauf fuhr er auch größere US-Eisen. Ab 1984 arbeitete der talentierte Youngster für das Familienunternehmen. Er wurde zunächst als Manager für die Harley-Davidson Owners Group H.O.G. tätig und bereiste im Auftrag des Unternehmens Motorrad-Events rund um den Globus. Er übernahm den Posten als Direktor für Produktentwicklung und leitet seit 2010 das Harley-Davidson Museum in Milwaukee. Dort kümmert er sich nicht nur intensiv um die Geschichte und das Vermächtnis von Harley-Davidson, sondern auch um wichtige Zukunftsthemen. Er vertritt die Motor Company in der Öffentlichkeit und wirbt offensiv für den neu eingeschlagenen Weg inklusive der mutigen Elektro-Offensive.

Bill Davidson ist regelmäßig auf vielen Veranstaltungen zu sehen, in Europa, in Australien, in den USA. Ähnlich wie sein Vater Willie G. liebt er es, Rallys und Messen zu besuchen. Und genau wie der Chefdesigner entwickelt er sich langsam, aber sicher zu einem beliebten Botschafter der Marke – zum Gesicht von Harley-Davidson.

Bill Davidson, Sohn des ehemaligen Chefdesigners Willie G., zählt zur vierten Generation des Harley-Davidson Clans.

HARLEY-
DAVIDSON
MOTORCYCLES
110
YEARS

Auf der Main Street in Sturgis dominieren die V-Twins aus Milwaukee. Viele Veranstaltungen in den USA sind geprägt von der Harley-Davidson Community.

SZENE

LOUD PIPES SAVE LIVES

24 Rally & Race

Veranstaltungen in den 1920er und 1930er Jahren

Bereits zu Beginn des vorigen Jahrhunderts erwiesen sich die Fahrer von Harley-Davidson Motorrädern als ein geselliges Volk. Markentreffen und Zusammenkünfte unter Gleichgesinnten gab es in der Frühzeit der Motorisierung zwar nicht so häufig wie nach dem Zweiten Weltkrieg, dennoch gefiel es den Besitzern der amerikanischen Motorräder, sich auszutauschen und gemeinsame Rundfahrten zu unternehmen. Oft wurden kleinere Treffen von den Harley-Davidson Händlern veranstaltet. Doch schon bald etablierten sich auch Großveranstaltungen mit Tausenden Teilnehmern. 1923 wurde etwa die erste »Laconia Rally & Race Week« in Neuengland ausgetragen, die sich zu einem beliebten Event entwickelte. In den 1930er Jahren folgten die »Sturgis Motorcycle Rally« und die »Daytona Bike Week«.

Überall auf der Welt sprossen Motorradveranstaltungen aus dem Boden, einige davon mit überwiegender oder ausschließlicher Beteiligung von Harley-Davidson Motorrädern. So fanden Ende der 1920er Jahre in Deutschland »Pfingstausflüge nur auf Harley-Davidson« und diverse Clubtreffen für die Fahrer der US-Bikes statt.

Bereits kurz nach der Jahrhundertwende gründeten sich in den USA die ersten Motorcycle Clubs, etwa der Yonkers MC (1903), der San Francisco MC (1904) oder der National Capital MC (1908). Bald entstanden auch reine Harley-Davidson Clubs, die entweder sportlich oder markenorientiert waren. Anfang der 1930er Jahre existierten rund 300 Motorradclubs in den USA – viele davon reine Harley-Davidson Clubs. Untrennbar mit dem Vereinsleben verbunden waren die Teilnahme an Paraden und sogenannten Gypsy Tours, gemeinsamen Ausfahrten zu Treffen oder Rennen, sowie die Ausrichtung eigener Meetings. So wurde der Grundstein für die heute so unnachahmlich große Harley-Familie, für den engen Zusammenhalt der Biker und den einzigartigen Markenkult schon kurz nach der Gründung der Company gelegt.

Motorradtreffen gibt es, seit es Motorräder gibt. Hier macht sich ein US-Club auf den Weg zu einer Bike Rally in den 1940er Jahren.

25 Hollister Riot

The Birthplace of the American Biker

Die Schlägereien am Rande eines Bikertreffens in der kalifornischen Kleinstadt Hollister im Jahr 1947 gelten als Geburtsstunde der Rockerkultur. Fest steht, dass die als Hollister Riot oder Hollister Bash bezeichneten Ausschreitungen eng mit dem Biker-Mythos verankert sind. Doch was genau ist damals eigentlich passiert?

Seit 1930 trafen sich alljährlich fast 5000 Motorradfahrer zur Gypsy Tour in Hollister. Unter ihnen waren Mitglieder von Motorradgangs wie des Boozefighters MC, der Motherfuckers und der Market Street Commandos. Nach einer kriegsbedingten Pause ging es am Wochenende des 3. bis 6. Juli 1947 erstmals wieder zur Sache. In den Bars an der Hauptstraße floss das Bier in Strömen, auf der Straße davor brummten die Motoren. Viele der Biker waren ehemalige Soldaten, die noch vor wenigen Jahren in Schützengräben gehockt und in Europa gekämpft hatten – oftmals auf einer Harley-Davidson WLA. Sie wollten endlich den Krieg vergessen und mit ihren Kumpels feiern. Es kam zu wüsten Schlägereien, Scheiben und Stühle gingen zu Bruch. Die sieben Polizisten von Hollister baten hoffnungslos überfordert um Verstärkung. Kurze Zeit später trafen 30 Einsatzkräfte der California Highway Patrol ein, mit Tränengas und Verhaftungen reagierten sie schroff. Bereits am nächsten Tag hatte sich die Lage wieder beruhigt. Doch als zwei Wochen später das Magazin Life das Bild eines betrunkenen Motorradfahrers auf einer Harley-Davidson Knucklehead inmitten zersplitterter Bierflaschen veröffentlichte, kochten die Wellen erneut hoch. Der Bericht stellte die Situation in Hollister stark verzerrt dar. Wegen der vermeintlichen Anarchie war das bürgerliche Amerika geschockt, die Biker hingegen erklärten das Foto zu einem Symbolbild der Rockerbewegung.

Die AMA (American Motorcycle Association) soll im Anschluss verbreitet haben, dass 99 Prozent der US-amerikanischen Motorradfahrer rechtschaffene Bürger und die Mitglieder der AMA nicht an dem Gelage beteiligt gewesen seien. Die Outlaw Biker hingegen drehten den Spieß um und erklärten sich zu dem einen Prozent, das Onepercenter-Zeichen wurde eingeführt. Übrigens: Der Kinofilm »The Wild One« von 1953 hat die Ereignisse von Hollister verarbeitet und wurde so zu einem Kultfilm der Halbstarkenbewegung.

Johnny's Bar, The Birth Place of the American Biker: Vor über 70 Jahren trafen sich in Hollister feiernde Bikerhorden zur Gipsy Tour.

Johnny's
Birth Place of The American Biker
Wentz Al
ONE WAY

26 Daytona Beach Bike Week

Die weltweit größte Motorradveranstaltung

Seit 1937 wiederholt sich die Szenerie jedes Jahr aufs Neue: Wenn sich die kalte Jahreszeit langsam verabschiedet und warme Sonnenstrahlen das Frühjahr einläuten, dann kriechen Tausende von Motorradfahrern aus ihren Garagen, um die neue Motorradsaison stilvoll einzuläuten. Viele von ihnen haben die Wintertage damit verbracht, ihr Bike optisch und technisch auf Vordermann zu bringen, andere wollen einfach endlich wieder fahren. Und rund 500.000 von ihnen haben ein gemeinsames Ziel: die Daytona Beach Bike Week.

Das Mitte März stattfindende Event mit Schwerpunkt Harley-Davidson lockt seine Besucher sowohl an den Sandstrand von Daytona und ins Zentrum der Ortschaft als auch an viele Locations im Umland. Besonderes Highlight und Ausgangsbasis des Treffens sind die Rennen, die auf dem Daytona Speedway abgehalten werden – etwa Läufe zur AMA Superbike Championship und die legendären Daytona 200 Races. Doch längst nicht alle Teilnehmer interessieren sich für die Rennen. Die meisten wollen einfach nur feiern, ihr Bike präsentieren und die neuesten Trends der Custom-Szene entdecken.

Eine ganze Woche lang wird in ganz Volusia, Flagler und anderen benachbarten Landkreisen mit Live-Musik, Bikeshows, Swap Meets und Paraden gefeiert. Als das Epizentrum der Daytona Beach Bike Week gilt die Main Street in Downtown Daytona Beach. Überall parken dann Bikes, vor allem Harleys, Chopper und wilde Umbauten, und flanieren auf und ab. Am Rande der Fahrbahn und in den Kneipen wird ausgiebig gefeiert, etwa im legendären Boot Hill Saloon. Und wenn diese exzessive März-Woche vorüber ist, dann wird sie wieder diskutiert, die ewig unbeantwortete Frage, ob denn Daytona oder etwa Sturgis der Austragungsort des größten und wichtigsten Motorradtreffens der Welt ist.

Das Befahren des Sandstrands ist in Daytona Beach gestattet und zählt zu den Highlights der Daytona Beach Bike Week.

26
HARLEY-DAVIDSON
Breitenfelde
Dorfstr. 17
23881 Breitenfelde
www.hdbreitenfelde.de
28

Big Family: Markentreffen und Rallys sind untrennbar mit Harley-Davidson verbunden.

27 Sturgis Motorcycle Rally

Riesenrally in den Black Hills

Als der Motorradclub »Jackpine Gypsies« am 14. August 1938 seine erste Bike Rally in Sturgis in South Dakota unter dem Namen »Black Hills Classic« veranstaltete, konnte niemand ahnen, dass sich daraus eines der wichtigsten Motorradtreffen der Welt entwickeln würde. Nachdem die Sturgis Motorcycle Rally im Zweiten Weltkrieg aufgrund der Benzin-Rationierung teilweise ausgesetzt wurde, wuchs sie in den folgenden Jahren kontinuierlich weiter. Zunächst wurden ausschließlich Rennen und Stuntshows abgehalten. Ab 1961 kamen Moto-Cross- und Hill-Climb-Disziplinen dazu. Seit der Jahrtausendwende besuchen jeweils zwischen 500.000 und 750.000 Teilnehmer die Sturgis Motorcycle Rally. Damit steht ihr neben der Daytona Beach Bike Week der Titel »Größte Motorrad-Rally der Welt« zu.

Heute dauert die Rally ganze zehn Tage lang. Im »Sidehack Saloon« und im »The Iron Horse« im Herzen von Sturgis gibt es kostenlose Outdoor-Musik, die Verkaufsstände der Motorradhersteller, Customizer und Zubehörhändler reihen sich kilometerweit entlang der Hauptstraßen. Langweilig wird es den Besuchern sicher nicht, denn neben der Action in Downtown gibt es viele außerhalb der Stadt gelegene Anlaufpunkte – etwa den Campground »Buffalo Chip«, eine legendäre Sturgis-Attraktion mit internationalen Live-Konzerten.

Wer genug vom Rummel hat, der schwingt sich auf seine Harley und macht eine ausgiebige Rundfahrt durch die umliegenden Black Hills oder zu den Wahrzeichen von South Dakota wie den Badlands oder Mount Rushmore. Schöne Straßen schlängeln sich durch die Hügel, vom Spearfish Canyon und der Iron Mountain Road bis zum Needles Highway. Keine Frage: Die Kombination aus einsamen Landschaften und ausgelassener Biker-Party macht die Sturgis Motorcycle Rally zum absoluten Mekka für Motorradfahrer. Und für Harley-Fahrer umso mehr.

Während der zehntägigen Bike Rally in Sturgis reiht sich entlang der Lazelle Street und Main Street ein Verkaufsstand an den anderen.

SWEETO BURRITO
FLAVOR WORTH FIGHTING FOR
SHIPPING
PORK CHOP
PULLED PORK
TEXAS BEEF BRISKET
RIB TIPS

28 European Bike Week

Rund um den Faaker See

Eines der größten und wichtigsten Harley-Treffen Europas findet einmal jährlich im österreichischen Kärnten statt. Zehn Tage lang im September verwandelt sich die Gegend rund um den idyllischen Faaker See in die European Bike Week, das ultimative Mekka der US-Bike-Fahrer. Aus aller Welt reisen dann V2-Freunde an, um lässig über die Großglockner Hochalpenstraße oder die Goldeck Panoramastraße zu schwingen, die neuesten Modelle der Company und der Customizer zu bestaunen und gemeinsam mit alten und neuen Freunden, mit der großen Harley-Familie, zu feiern.

Seit 1998 lockt die Mega-Veranstaltung Zehntausende von Motorradfahrern in die 8500-Seelen-Gemeinde Faak am See, in die umliegenden Gemeinden und an das 10 Kilometer lange Ufer des Faaker Sees. Begonnen hat alles als Jubiläumsveranstaltung zum 95. Geburtstag der Marke Harley-Davidson. Seither steigen die Besucherzahlen kontinuierlich an. Mit Händlermeile, Custombike Show, Customizer Area, unzähligen Live-Bands, Stuntshows, Demo Rides und vielem mehr kommt gewiss keine Langeweile auf. Die am Samstag stattfindende Parade mit rund 5000 motorisierten Teilnehmern durch die beeindruckende Landschaft Kärntens zählt zu den unbedingten Highlights der European Bike Week.

Doch aufgepasst: Jeder, der an der gigantischen Party teilhaben möchte, sollte seine Reise frühzeitig planen. Denn Jahr für Jahr sorgt die European Bike Week für einen veritablen Ausnahmezustand in der Region. Restaurants, Ladengeschäfte und Straßen quellen regelmäßig über vor lauter Harleys und deren Fahrern. Alle Unterkünfte sind schon Monate im Voraus ausgebucht. Wer Spaß haben will, muss sich beeilen.

Einmal um den Faaker See: Die Karawane der Harley-Fahrer wird auf der European Bike Week von Event zu Event gelockt.

29 Hamburg Harley Days

City-Event der Superlative

2003 feierte Harley-Davidson sein 100-jähriges Bestehen – und das nicht nur in der Heimat Milwaukee, sondern auch ausgiebig in der Hansestadt Hamburg. Die Party auf dem Kiez wurde zu einem riesigen Erfolg, Besucher aus der ganzen Welt kamen in Strömen. Mit einem solchen Treffer hatten die Veranstalter nicht gerechnet. Harley-Davidson reagierte schnell und hält seitdem einmal im Jahr ein City-Event in Hamburg ab: die Hamburg Harley Days.

Somit kehrt der typische Sound der V-Twins jeden Juni zurück in die Stadt an der Elbe. Nach mehrfach wechselnden Veranstaltungsorten finden die Hamburg Harley Days nun wiederkehrend auf dem 40.000 Quadratmeter großen Gelände des Großmarkts statt. In dem Gewirr aus originalen und umgebauten Harleys, aus Verkaufsständen, Zubehörhändlern und Bierständen werden auch Konzerte und Bühnenpräsentationen abgehalten. Dazu gesellen sich Stuntshows und Test-Rides. Außerdem sind die verrückten und zum Teil abenteuerlich umgebauten Fahrzeuge der Teilnehmer für die meisten Besucher Unterhaltung genug.

Neben dem offiziellen Harley Village gilt die berühmte Reeperbahn als willkommener Anlaufpunkt für die Bikes und deren Fahrer. Vor allem abends spielt die Musik auf der sündigen Meile von Sankt Pauli. Ein weiteres Highlight ist die Ride-In Bike Show, die auf der Fußgängerzone der Hamburger Innenstadt ausgetragen wird. Rund 100 besonders extravagante Harley-Davidson Motorräder stellen sich hier einer fachkundigen Jury.

Am Ende der Hamburg Harley Days formieren sich rund 10.000 Motorräder zur großen Harley-Parade durch die Hansestadt. Mit insgesamt 500.000 Besuchern sowie 50.000 Bikes an drei Tagen dürfen sich die Hamburg Harley Days selbstbewusst als Europas größtes Biker-City-Event bezeichnen.

Europas größtes Biker-City-Event: Die Hamburg Harley Days spielen sich an unterschiedlichen Orten mitten in der weltoffenen Hansestadt ab.

JEVER
JEVER
vodafone
vodafone
mobilcom debitel
HARLEY DAVIDSON

30 Custombike Show

Die weltgrößte Messe für umgebaute Motorräder

Am Eingang der Messehallen von Bad Salzuflen hat sich eine endlose Schlange gebildet. Alle Hotels in dem kleinen Kurort sind ausgebucht, Taxis sind nicht zu bekommen, und überall schlendern belederte Biker herum – in der Fußgängerzone, auf dem Weihnachtsmarkt und natürlich rund um die Messe. Anfang Dezember findet die Custombike Show statt. Wer vermutet, die weltgrößte Messe für umgebaute Motorräder spiele sich irgendwo in den USA ab, der irrt gewaltig. Das Zentrum der Custom-Szene liegt genau hier, in der ostwestfälischen Provinz. Und das bereits seit 2004.

Rund 30.000 Besucher pilgern jedes Jahr nach Bad Salzuflen, um die neuesten Trends und die coolsten Bikes zu sehen. Mehr als 300 Aussteller präsentieren ihre Neuheiten, mehr als 1000 Motorräder geben einen Ausblick auf die nächste Saison. Viele der Bike Builder bauen ihre Showbikes extra für dieses Event. Spektakulär ist auch das Finale der Internationalen Deutschen Meisterschaft im Custombike-Building, bei dem gut 300 Teilnehmer mit ihren sensationellen Motorradumbauten um Titel und Trophäen in 18 Kategorien antreten. Bikes von Harley-Davidson sind dabei eindeutig in der Überzahl. Sportster, V-Rods, Softails und alte Panheads sind die eigentlichen Stars der Ausstellung. Schließlich gelten die V-Twins aus Milwaukee als ideale Umbaubasis.

Beste Unterhaltung garantiert zudem das Rahmenprogramm. Der European Biker Build-Off, bei dem zwei Teams mit dem Aufbau je eines Showbikes gegeneinander antreten, stellt einen der Höhepunkte der Custombike Show dar. Bühnen- und Steilwandshow sorgen für Abwechslung, in der Tattoo-Area gibt es Farbe unter die Haut, und in der Hall of Fame sorgen Sonderausstellungen für nostalgische Gefühle. Nach drei ereignisreichen Messetagen reiben sich Besucher und Aussteller die Augen und haben keinerlei Zweifel mehr daran, an welchem Ort das Herz des Customizings schlägt.

Einmal im Jahr, immer Anfang Dezember, verwandelt sich der kleine Kurort Bad Salzuflen in die Hauptstadt des Customizings.

31 Custom Bike Show Norrtälje

Bike Builder im Gemeindepark

Es gibt wohl kaum ein Motorrad, für das so viele Markentreffen abgehalten werden wie für eine Harley-Davidson. Beispiele gefällig? Etwa die Super Rally an wechselnden Orten in Europa, das Euro Festival in St. Tropez, Magic Bike in Rüdesheim, die Pre Evo Party in Grevenbroich, die Linkert Attacks im Süden Frankreichs, die Biker Mania in Saalbach Hinterglemm und selbstverständlich die HOG Rallyes, die Treffen der Harley-Davidson Owners Group. Dazu kommen die unzähligen Treffen mit hoher, unverzichtbarer Harley-Beteiligung, etwa die Kustom Kulture Forever in Herten, das Motorcycle Jamboree, die Joints Show im japanischen Nagoya oder auch die Myrtle Beach Bike Rally.

Ein griffiges Beispiel für die Kreativität der von US-Bikes geprägten Custom-Szene ist die Custom Bike Show in Norrtälje. Der kleine Ort im Osten von Schweden, 80 Kilometer nördlich von Stockholm, verwandelt sich einmal im Jahr in das Customizing-Zentrum Skandinaviens. Seit 1971 richtet der Twin Club MC die Veranstaltung aus – am Anfang noch mit drei Dutzend Teilnehmern. In den folgenden Jahren wuchs das Treffen unaufhaltsam. Heute kommen Tausende Zuschauer und Hunderte Bikes von erlesener Qualität. Franzosen, Niederländer, Deutsche und Norweger präsentieren ihre handgearbeiteten Einzelstücke. Vor allem die Finnen überraschen jedes Jahr aufs Neue mit spektakulären Kreationen – meist auf Basis alter Harley-Davidson Modelle.

Pünktlich um 11 Uhr am Samstag öffnet die Custom Bike Show ihre Pforten. Mitten im Park der schwedischen Gemeinde stehen sie dann in Reih und Glied, die Chopper, die Bagger, die Cruiser und die Cafe Racer. Pokale für die besten Umbauten werden in diversen Klassen vergeben. Wer hier mit seinem Bike gewinnt, der hat wirklich etwas Besonderes geleistet. Der genießt in der Welt des Customizings einen hervorragenden Ruf. Acht Stunden später leert sich der Park wieder. Für den Rest des Jahres ist Norrtälje wieder ein ganz normales schwedisches Provinzstädtchen.

Schweden hat die Chopper- und Custom-Szene schon immer aktiv geprägt. Höhepunkt der Saison ist die jährlich stattfindende Custom Bike Show in Norrtälje.

TWIN CLUB
MC
NORRTELJE
Custom Bike Show

DYNAMIC
VERTEX
MAGNETOS
BELL
STUPID FAST
CARRILLO
DUNLOP

Unsterbliche Klassiker: In vielen Garagen erwachen alte V-Twins wie diese 1941er-Knucklehead zu neuem Leben.

Harley-Davidson steht nicht gerade im Ruf, Hightech zu verbauen. Trotz Tradition, Beständigkeit und bewusster Abkehr von Hochleistung kommen jedoch stets auch innovative Komponenten zum Einsatz.

TECHNIK

32 V-Twin Engines

Eine kleine Motorkunde

Was wäre eine Harley-Davidson ohne ihren charakteristischen luftgekühlten V2-Motor? Kaum vorstellbar, trägt doch der V-Twin mit 45°-Zylinderwinkel entscheidend zum Kult um die US-Marke bei. Noch heute treibt die meisten Harleys der typische Zweizylinder-V-Motor an. Seine Zylinder zünden um 315° und 405° versetzt. Daher klingt eine Harley, wie sie eben klingen muss.

Der erste Zweizylinder aus Milwaukee entstand 1909. Bereits dieses Frühwerk wartete mit den typischen Eckdaten auf. Allerdings arbeitete der 811-ccm-V-Twin noch nach dem klassischen De-Dion-Prinzip mit Einlass-»Schnüffelventil«. Erst ab 1911 gab es gesteuerte Ein- und Auslassventile (i.o.e.-Prinzip). Den ersten »74er-Motor« mit 1207 ccm Hubraum stellte Harley 1921 vor. Und ab 1929 trieb ein 750-ccm-Seitenventiler die kleineren Modelle an. Dieser Motor, der in ähnlicher Form bis 1973 (!) im Servi Car verbaut wurde, und sein größeres Pendant mit 1200 bzw. 1340 ccm verfügen wegen der seitlichen Ventile über flache, verrippte Zylinderdeckel, was den Spitznamen »Flathead« erklärt. 1936 brachte Harley-Davidson einen für seine Zeit sehr fortschrittlichen Hochleistungsmotor auf den Markt, der parallel zu den genügsamen Flatheads angeboten wurde. Aufgrund seiner im Zylinderkopf hängenden Ventile ermöglichte er atemberaubende Fahrleistungen. Die charakteristische Form der Kipphebellagerung brachte ihm die Bezeichnung »Knucklehead« ein. Der 1948 vorgestellte »Panhead«-Motor war eine gründliche Weiterentwicklung des Knucklehead-V2. Pfannenförmige Ventildeckel sind für seinen Spitznamen verantwortlich.

1952 stellte die Company für seine sportliche Baureihe eine eigene Motorengeneration vor. Der Hubraum der in den K-Modellen verbauten Motoren betrug 750 oder 900 ccm. Kurbeltrieb und Getriebe befanden sich im gleichen Gehäuse. Erstaunlicherweise setzten die Ingenieure bei diesen kleineren V-Twins auf seitliche Ventile, was die Leistungsausbeute spürbar einschränkte. Bei den ab 1957 »Sportster« getauften Sportmodellen sorgten daher ohv-Zylinderköpfe für gesteigerte Performance. Wegen ihrer bis 1986 verbauten Grauguss-Zylinder sind frühe Sportster-Motoren in der Szene als »Ironhead« bekannt.

Die Evolution des 45°-V2-Motors: erster V-Twin von 1909, wechselgesteuerter V2 von 1911, Flathead-Motor Baujahr 1929. 1936 erschien mit dem Knucklehead der erste ohv-Motor, 1948 der Panhead-Motor. 1957 präsentierte Harley-Davidson den Sportster-Motor mit integriertem Getriebe (v. l. n. r.).

H.D-3578

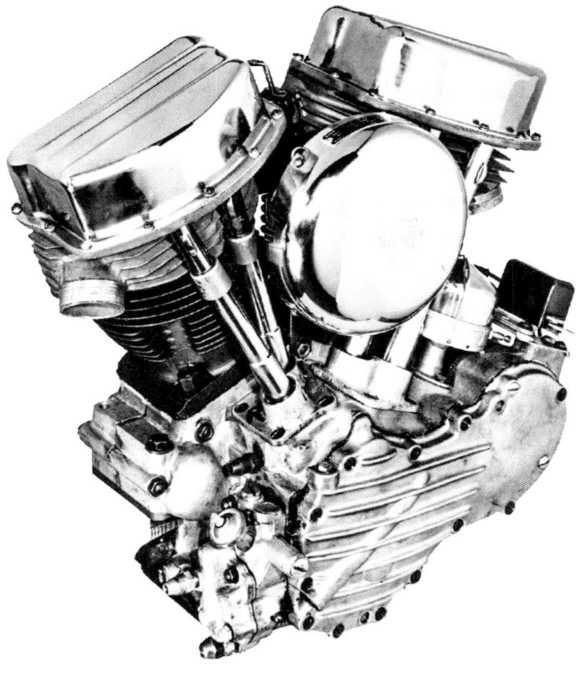

33 Über Umwege zum 45°-V2

Zurück in die Zukunft

Auch in den 1960er Jahren bekannte sich Harley-Davidson zum klassischen Motorprinzip, dem luftgekühlten 45°-V2 mit unten liegender Nockenwelle. So führte eine kontinuierliche Weiterentwicklung des 1200-ccm-»Panhead«-Motors ab 1966 zum »Shovelhead«, wobei die Zylinderkopfdeckel in Form einer Kohlenschaufel für den Nickname verantwortlich waren. 1969 wanderte die Lichtmaschine hinter den Primärtrieb, Kenner sprechen bei diesen Modellen vom »Late Shovel«. 1984 präsentierte Harley-Davidson den »Evolution«-Motor, der erstmals vollständig aus Leichtmetall hergestellt war. Das Porsche-Versuchszentrum in Deutschland hatte bei der Konstruktion des 1340-ccm-Motors mitgeholfen. Zwei Jahre später kam auch der Sportster-Motor in den Genuss zeitgemäßer Werkstoffe, sein Name: »Evo-Sportster«.

Eine neue Motorengeneration für die Big Twins erschien 1999 mit dem »Twin Cam«. Wie der Name andeutet, verfügte der zunächst 1449 ccm große V2 über zwei (unten liegende) Nockenwellen. In den Dyna- und Touring-Modellen wurde der Motor über Silentblöcke im Rahmen verschraubt, um Vibrationen zu vermindern. Bei den Softail-Modellen hingegen kam der »Twin Cam B« zum Einsatz, der das konstruktionsbedingte Schütteln über zwei Ausgleichswellen beruhigt. Parallel dazu entwickelte Harley – erneut gemeinsam mit Porsche – den »Revolution«-Motor. Für die neue, in Indien gebaute Street-Baureihe entstand ab 2014 zudem der kleinere »Revolution X«-Motor mit 500 oder 750 ccm.

Ebenfalls hochmodern, aber deutlich näher an den klassischen Harley-Tugenden ist der »Milwaukee-Eight«. Seit 2017 treibt die neue Baureihe von Big-Twin-V2-Motoren zunächst die Touring-Modelle an. Der mit 1745, 1868 oder 1923 ccm erhältliche Vierventiler ist ein 45°-V2-Motor mit unten liegender Nockenwelle. Damit liegt der Milwaukee Eight ganz in der Tradition seiner Urgroßväter und ist ein würdiger Nachfahre von Flat-, Knuckle-, Pan- oder Shovelhead.

1966 erschien erstmals der Shovelhead-Motor, der 1984 vom Evolution V2 abgelöst wurde. Twin Cam 88 Engine von 1999, Revolution-Motor von 2002 mit radikal neuem Layout. Auf den Twin Cam 99 von 2007 folgte 2017 der aktuelle Milwaukee Eight (v. l. n. r.).

EIGHTY CUBIC INCHES
V²

TWIN CAM
88

SIX SPEED

1250
REVOLUTION MAX
MILWAUKEE USA
MILWAUKEE USA

Der neue Revolution Max Motor überrascht mit Flüssigkeitskühlung, zwei oben liegenden Nockenwellen und kompakten Abmessungen. Er ist mit 975 ccm und 1250 ccm erhältlich.

34__ Beltdrive zum Hinterrad

Am Riemen gerissen

Wer sich die aktuellen Modelle von Harley-Davidson anschaut, der wird schnell bemerken, dass der Antrieb des Hinterrads auf höchst unkonventionelle Weise gelöst ist. Anders als die meisten Mitbewerber, die auf Gliederketten oder Kardanantrieb setzen, vertrauen die US-Amerikaner auf einen Zahnriemenantrieb. Auf der Innenseite eines Polyurethan-Riemens greifen Zähne in spezielle Zahnräder ein und sorgen so für eine zuverlässige Kraftübertragung. Selbst dem gigantischen Drehmoment eines 114-Zoll-Milwaukee-Eight-Motors mit fast 1,9 Liter Hubraum ist dieser Riemen locker gewachsen.

Zum ersten Mal verbaute Harley-Davidson einen Beltdrive am Modell »Sturgis« von 1980, einer schwarz lackierten Variante der Low Rider mit Shovelhead-Motor. Die von Designer Willie G. und dem Entwicklungsingenieur Erik Buell geschaffene Sturgis verfügte allerdings nicht nur über einen Sekundärriemen zum Hinterrad, sondern auch über einen Riemen am Primärtrieb zwischen Motor und Getriebe. Damit setzte die schwarze Schönheit technisch Maßstäbe und darf heute als Vorreiterin einer neuen Harley-Philosophie gelten.

Die Vorteile des Sekundär-Beltdrive liegen auf der Hand: Im Vergleich zur öltriefenden Kette bleibt der Riemen frei von Schmierstoffen und sorgt damit für ein verschmutzungsfreies Hinterrad. Auch die Hände des Fahrers bleiben sauber, denn der Riemen muss nicht gewartet werden. Das lästige Kettenfetten entfällt ersatzlos. Zudem ist der Beltdrive erstaunlich langlebig und läuft leiser als eine gut geölte Kette. Der Kardanantrieb wäre eine vernünftige Alternative, jedoch ist er schwerer und deutlich teurer in der Herstellung.

Nach und nach stattete die Motor Company daher seit den 1980er Jahren alle Modelle mit der genialen Antriebstechnik aus. Heute verfügen sämtliche Harley-Davidson Typen – von der Street bis zur Road Glide Ultra – über einen Riemen zum Hinterrad.

__ Technologievorreiter: Der Kevlar-Belt als Hinterradantrieb feierte bei Harley-Davidson im Jahr 1980 seine Premiere.

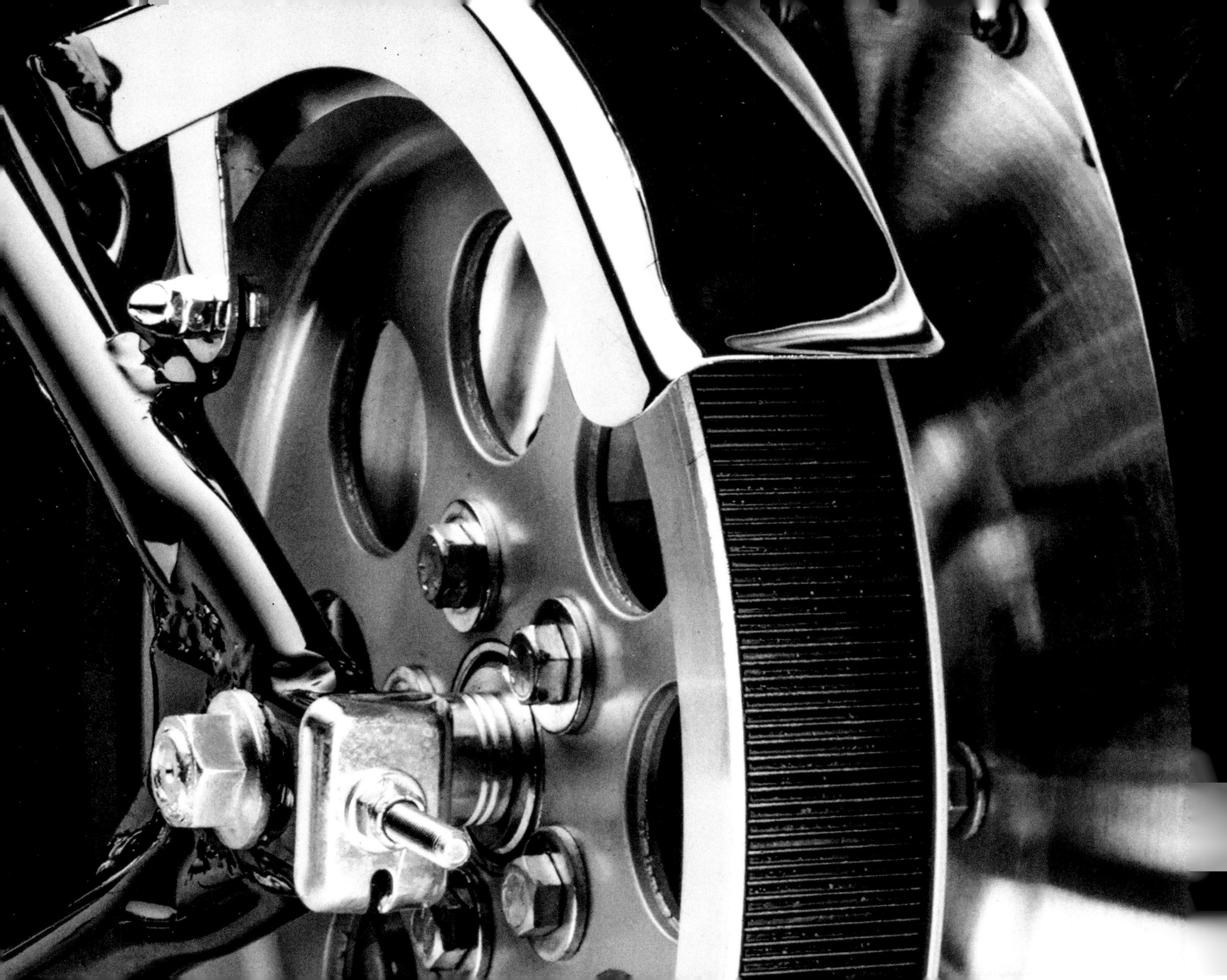

35 Der Softail-Rahmen

Mit Starrrahmenoptik in die Gewinnzone

Unter Chopper- und Klassikerfreunden gilt der Starrrahmen als das absolute Ideal. Mit gerade verlaufenden Rahmenrohren vom Tank bis zur Hinterachse ist das »Hardtail« nicht nur simpel und stabil, es sieht auch besonders clean aus. Die fehlende Hinterradfederung und den damit verbundenen verminderten Fahrkomfort nehmen Puristen dabei gern in Kauf. Seit Harley-Davidson 1958 bei den Duo-Glide-Modellen den Schwingrahmen eingeführt hat, müssen Starrrahmen-Liebhaber jedoch auf ältere Bikes zurückgreifen oder Aftermarket-Rahmen aus dem Zubehör verbauen.

Einer dieser Zubehörrahmen entstand bei Ingenieur Bill Davis in St. Louis, Missouri. Anders als andere Fahrwerkshersteller setzte Davis bei seinen »Sub Shock Frames« auf ein gefedertes Heck, das auf den ersten Blick wie ein traditioneller Starrrahmen aussah. Trotz der reduziert-cleanen Optik mit kaum sichtbar zunächst unter dem Sitz, später unter dem Getriebe angeordnetem Stoßdämpfer bot seine Konstruktion eine sichere Straßenlage und langhubige Federung. Harley-Designer Willie G. Davidson wurde 1976 auf die Federrahmen in starrer Optik aufmerksam und unterbreitete Davis umgehend ein Kaufangebot für das Patent. Doch weil sich beide Parteien nicht einigen konnten, gründete der Rahmenbauer die Firma »Road Worx« und vermarktete seine Erfindung persönlich. Erst 1982 kam der Deal zustande: Davis sollte auf Lebenszeit für jeden bei Harley-Davidson gefertigten Rahmen einen Betrag erhalten, und die Company brachte innerhalb von 18 Monaten die völlig neue Softail-Baureihe auf den Markt.

1982 erwarb Harley-Davidson die Patente der Firma »Road Worx« an einem Federrahmen in starrer Optik. Die Basis für die neuen Softail-Modelle war geschaffen.

Im ersten Jahrgang 1984 erschien die FXST im Chopper-Style mit 21-Zoll-Vorderrad. 1987 folgten die FLST-Typen mit klassischem 16-Zoll-Vorderrad und verkleideter Gabel. Dank des neuen Evolution-Motors und vor allem der Retro-Optik des Softail-Rahmens sollte es Harley-Davidson gelingen, wieder schwarze Zahlen zu schreiben. Die Motorräder mit dem ST – für Softail – im Modellcode verkauften sich prächtig. Erst 2017, nach 33 Jahren, erschien ein neuer Rahmen für die Big Twins. Leichter, stabiler und mit einem einzelnen Federbein unter dem Sattel. Auch sein Name: Softail.

Road Worx™ introduces...

"Sub Shock™"

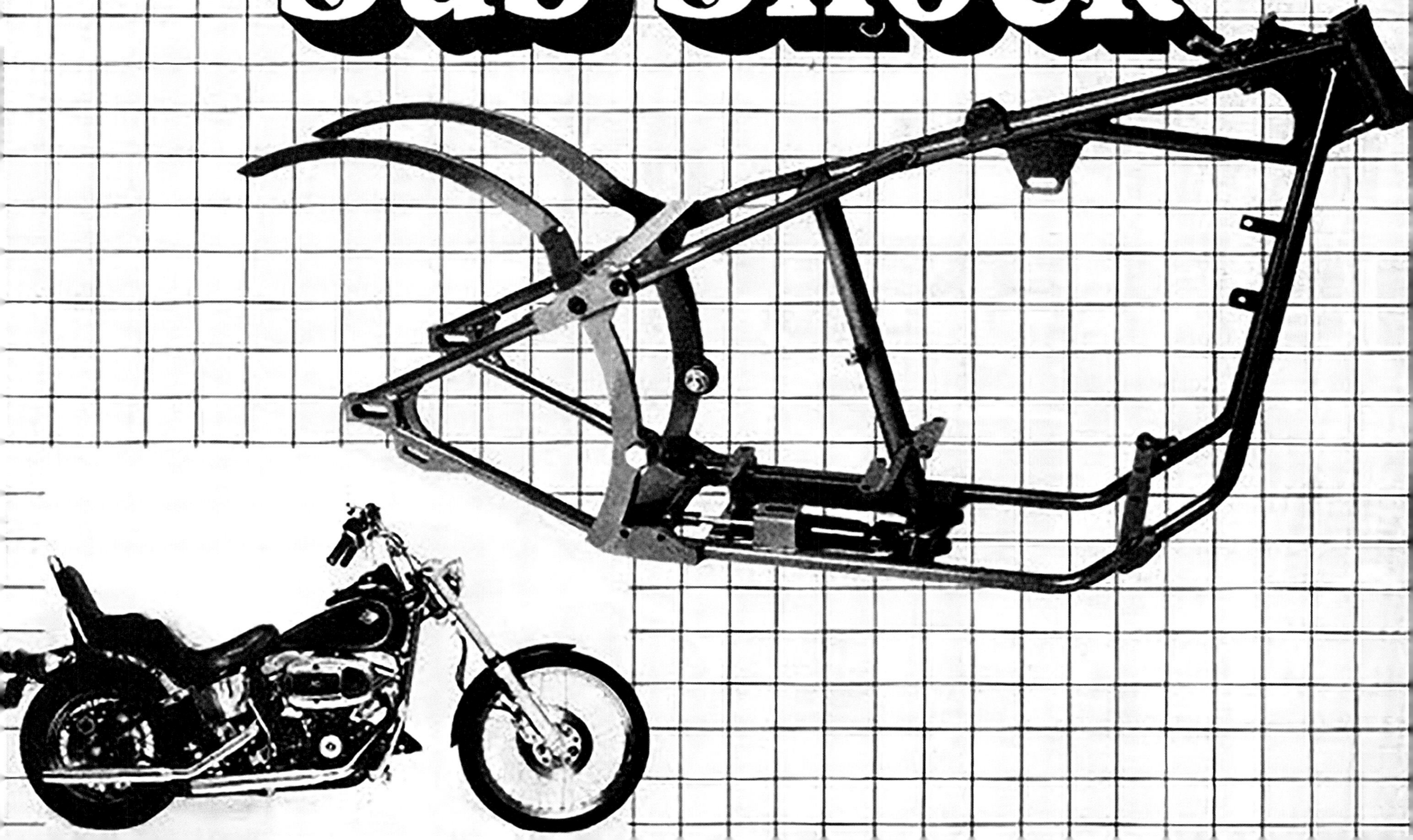

36 Die Springergabel

Rückkehr eines Markenzeichens

Seit März 1907 setzt Harley-Davidson bei der Vorderradführung auf eine geschobene Kurzschwinge mit Hilfsgabel. Die nach ihrem Konstrukteur J. H. Sager benannte »Sager-Cushion-Gabel« mit gekapselten Federn wurde 1919 durch technische Verbesserungen und 1929 durch die Adaption einer Vorderradbremse aufgewertet und fortan als »Springergabel« bezeichnet. Zusätzlich zum Gabelträger verfügt sie über eine Hilfsgabel, beidseitig montierte Kurzschwingen, eine Bügelstrebe und die auf Lampenhöhe angebrachten Federn. Prinzipbedingt ist die Springergabel vergleichsweise verwindungssteif, ihre Federwege sind jedoch eingeschränkt.

Auch andere Motorradhersteller wie die englische Marke Brough Superior übernahmen die effiziente Technik und verbauten ähnliche Gabeln unter dem Namen Castle Fork. Bis 1948 sorgte die Springer Fork bei den schweren Tourenmaschinen von Harley-Davidson mit 1000 und 1200 ccm für die Radführung und wurde erst bei der Hydra Glide gegen eine modernere und langhubigere Telegabel ersetzt. Bei den 750er-Modellen zählte sie gar bis 1957 zur Standardausstattung.

Obwohl die Springergabel in den 1980er Jahren des letzten Jahrhunderts als technischer Anachronismus galt, führte die Factory 1988 beim Sondermodell »Softail Springer« eine überarbeitete Version der traditionellen Gabelversion wieder ein. Trotz des geringen Federwegs von nur 58 mm sorgte das Remake für eine erstaunlich stabile Radführung – und vor allem für eine unnachahmliche Vintage-Optik: Kaum ein Motorrad vermittelt so glaubhaft authentisches Retro-Feeling wie eine Harley-Davidson mit Springergabel. Bis 2009 blieben die Springer-Modelle im Verkaufsprogramm von Harley-Davidson. Noch heute erfreut sich die Springergabel beim Customizing großer Beliebtheit.

Die Springergabel war seit 1907 Standard bei den Motorrädern der Company und wurde erst 1948 durch die modernere Telegabel verdrängt. 1988 wagte Harley-Davidson ein Comeback.

MOTOR
HARLEY-DAVIDSON

Bis heute gilt der luftgekühlte 45°-V2-Motor als charakteristisches Aggregat der Motorräder von Harley-Davidson. Dieser Big Flat aus den 1940er Jahren mag ramponiert aussehen, er läuft aber immer noch zuverlässig.

RACING

Die Motorräder von Harley-Davidson waren nicht nur auf der Straße erfolgreich, sondern auch in diversen Rennklassen. Im Bild Dirt-Track-Profi Scott Parker auf seiner XR 750.

SCOTT
BELL
CAMEL PRO
1

37 Board Track Racing

Die gefährlichste Motorsportart der Welt

Noch heute gilt Board Track Racing als die gefährlichste Motorsportart der Welt. Denn das, was sich auf den aus Holzbalken und Brettern zusammengezimmerten Ovalen abspielte, sah nicht nur abenteuerlich aus, es führte auch allzu oft zu tödlichen Unfällen. Wegen der spannenden Unterhaltung war der Besuch von Board-Track-Rennen in den Vereinigten Staaten in den 1910er und 1920er Jahren eine äußerst beliebte Freizeitbeschäftigung. Die Zuschauer jubelten, wenn sich die mit Wollpullovern bekleideten Rennfahrer auf ihren minimalistischen V2-Motorrädern erbarmungslose Hochgeschwindigkeitsschlachten lieferten. Ihnen standen die Haare zu Berge, wenn die feuer- und ölspuckenden Zweiräder Kopf an Kopf mit 150 km/h über die hölzernen, bis zu 45° geneigten Steilkurven der Motodrome rasten. Zumal die Rennmotorräder weder vorne noch hinten über Bremsen verfügten – ironischerweise galten Bremsen auf den rutschigen Bretterbahnen als zu gefährlich.

Als erste Board-Track-Rennstrecke entstand 1910 das kreisrunde Los Angeles Motordrome. Bis 1929 gesellten sich 28 weitere Strecken im ganzen Land dazu. Alle bedeutenden Motorradmarken der USA traten mit ihren schnellsten Maschinen an – Indian, Excelsior, Thor, Flying Merkel oder Cyclone. Und natürlich wollte auch Harley-Davidson beweisen, dass es die schnellsten Motorräder baute. Zunächst wagten sich Privatfahrer mit leistungsgesteigerten F-Head-Modellen auf die Holzpisten. Doch schon bald engagierte sich die Motor Company mit Werkseinsätzen. Für die Wrecking Crew fuhren berühmte Namen: Red Parhurst, Ray Weisshaar oder Otto Walker. Vor allem mit den schnellen Achtventil-Production-Racern konnte Harley-Davidson ab 1915 die Konkurrenz in Schach halten. Das 1000-ccm-Rennmotorrad galt als hochmoderne Konstruktion und erreichte beachtliche 50 PS. Für Privatfahrer aber war dieses technische Wunderwerk mit 1500 US-Dollar unbezahlbar.

Board-Track-Rennen fanden auf abenteuerlich zusammengezimmerten Holzovalen statt. Sie galten als unterhaltsam, aber extrem gefährlich.

Harley-Davidson setzte ab 1929 keine Werksrennmaschinen mehr ein, unterstützte aber noch einige erfolgversprechende Fahrer. Doch ab 1932 fanden keine Rennen mehr auf Meisterschaftsniveau auf Boards statt. Die Weltwirtschaftskrise hatte das Interesse am Motorsport spürbar gedämpft, außerdem häuften sich die Unfälle, bei denen Fahrer und Zuschauer verletzt oder getötet wurden. Kritiker bezeichneten die Bahnrundkurse ohnehin längst als »Murderdromes«.

38__ Dirt Track

XR 750 – das erfolgreichste Rennmotorrad aller Zeiten

Keine Frage: Dirt-Track-Fahrer sind nicht nur außergewöhnlich talentiert, sie müssen auch mit einer gesunden Portion Wahnsinn ausgestattet sein. Warum sonst würden sie mit einer über 100 PS starken Maschine über losen Sand driften und sich bei Geschwindigkeiten bis zu 160 km/h atemberaubende Windschattenduelle liefern? Und das alles ohne Vorderradbremse. Denn die würde auf dem sandigen Untergrund ohnehin kaum zur Verzögerung beitragen.

In den USA war Dirt Track seit den 1920er Jahren äußerst populär. Und die Teams von Harley-Davidson zählten schon bald zu den Anwärtern auf Podiumsplätze. Traditionell balgten sich in den Pioniertagen die V2-Renner der Motor Company mit den schnellen Indian-Racern – unter Fahrern wie Otto Walker oder Joe Petrali. Auf die Achtventil-Werksrenner folgten schnelle WR-Seitenventiler mit 750 ccm. Als Harley-Davidson ab 1952 spezielle KR 750 Dirt Track Racer und ab Anfang der 70er die legendäre XR 750 mit ohv-Aluminiumzylinderköpfen einsetzte, folgte eine beispiellose Siegesserie. XR-750-Fahrer errangen zwischen 1972 und 2008 beachtliche 29 von 37 AMA Grand National Championships. Damit gilt die XR 750 als das erfolgreichste Rennmotorrad aller Zeiten. Die Popularität der Nationalhelden Scott Parker, Chris Carr, Cal Rayborn oder Jay Springsteen lässt sich auch damit erklären, dass die waghalsigen Piloten regelmäßig auf heimischem – US-amerikanischem – Material gewannen.

2016 präsentierte Harley-Davidson nach fast 50 Jahren wieder ein Motorrad, das ganz speziell für die Flat-Track-Rennen in den USA entwickelt wurde. XG750R nennt sich die neue Rennmaschine, die in Zusammenarbeit mit Vance & Hines für die AMA Pro Flat Track Series entstand. Das »Screamin' Eagle«-Werksteam geht mit der XG750R an den Start, tut sich aber noch schwer gegen die neue alte Konkurrenz aus dem Hause Indian Motorcycle.

___ Spektakuläre Drifts auf losem Sand und spannende Zweikämpfe sind charakteristisch für Dirt Track Races.

1
12
62
72
42

39_ Hillclimbing

Wer bezwingt den Berg?

Hillclimbing. Bei dieser wilden Sportart dreht sich alles darum, mit einem Motorrad einen extrem steilen Berg zu erklimmen. Oft handelt es sich dabei um wirklich gemeine Steilhänge mit Steigungen bis zu 120 Prozent und unbefestigtem Untergrund. Zunächst kann man es nicht glauben, dass verwegene Motorradfahrer diesen Gipfel bezwingen können, bis dann die ersten unerschrockenen Piloten auf ihren umgebauten Bikes antreten. Längst nicht alle Fahrer schaffen es bis ganz nach oben. So mancher wird auf halber Strecke abgeworfen, und sein Motorrad poltert krachend zurück ins Tal. Am Ende gewinnt der Fahrer, der am höchsten kommt.

Hillclimbing zählt zu den ältesten Motorsportarten. Bereits in den 1920er Jahren verfremdeten US-Cowboys die aus Europa bekannten Bergrennen, indem sie Strecken mit spektakulären Steigungen auswählten und so zusätzlichen Nervenkitzel erzeugten. Neben Joe Herb holte vor allem Windy Lindstrom regelmäßige Siege für Harley-Davidson. Ab 1925 gewann er über 300 Championships für die Marke. In den 1930er Jahren dominierte das Universaltalent Joe Petrali die steilsten Berge mit Harley-Davidson Rennmaschinen.

Die Company baute spezielle Hillclimber auf Basis der kleinen F-Head-Einzylinder, der 750er-Seitenventiler und der großen ohv-Modelle mit bis zu 1340 ccm Hubraum. Heute werden oft Spezialrahmen mit verlängerten Schwingen eingesetzt, getunte Sportster-Motoren oder Nitromethan-befeuerte XR-750-Triebwerke sorgen für unbändige Kraft am Berg. Grobe Stollenreifen, zum Teil bezogen mit stabilen Gliederketten, verbessern den Grip auf Geröll. Riesige Kettenräder sorgen für die richtige Übersetzung.

In 1980er Jahren schwappte die Hillclimbing-Welle auch nach Europa herüber. Vor allem in Frankreich und Österreich haben sich seither verschiedene Veranstaltungen etabliert, bei denen jedoch Motorräder von Harley-Davidson kaum mehr eine Rolle spielen.

Extremsport anno 1940: Ein Harley-Davidson Fahrer bezwingt den steilen Aufstieg mit letzter Kraft.

HAR LEY-
AVIDSON

40 Land Speed Records

Alles für die Höchstgeschwindigkeit

Es ist heiß im Sommer 1970. Der in San Diego aufgewachsene US-Rennfahrer Cal Rayborn kauert in seinem auf 1480 ccm getunten Harley-Davidson Streamliner und wartet auf das Startzeichen. Gespannt blickt er auf die rund 14 Kilometer lange schneeweiße Strecke auf den Bonneville Salt Flats in Utah. Nach mehreren Hochgeschwindigkeitsstürzen will er heute einen neuen Speed Record aufstellen. Gekonnt beschleunigt Rayborn sein von Warner Riley aufgebautes Motorrad bis auf sensationelle 265,492 Meilen pro Stunde. 410,37 km/h – Cal Rayborn und seine Harley-Davidson haben einen neuen amerikanischen und internationalen Geschwindigkeitsrekord in der Tasche. Bereits lange vor Rayborns Sieg und auch noch danach versuchten mutige Piloten immer wieder, neue Rekorde mit Harley-Davidson Power aufzustellen. So erzielte etwa Rennteam-Leiter Otto Walker im September 1915 in Chicago einen neuen 100-mph-Rekord auf einer seriennahen F-Head-Harley. 1920 brachen die Harley-Fahrer Freddie Dixon und Douglas Davidson erste internationale Rekorde auf der Brooklands-Rennbahn in England. Und 1937 pilotierte Joe Petrali die neu erschienene Knucklehead am Strand von Daytona auf mehr als 136 mph.

Nach dem Zweiten Weltkrieg fanden offizielle Rekordversuche vor allem auf dem Salzsee von Bonneville statt. George Roeder brach 1965 den Rekord in der 250er-Klasse auf einer Aermacchi Harley-Davidson mit 177,225 mph, Dave Campos stellte am 14. Juli 1990 einen neuen absoluten Geschwindigkeitsweltrekord auf. Seine von zwei 1500-ccm-Shovelhead-Motoren angetriebene Zigarre wurde vom Easyriders Magazin aufgebaut und erreichte 322,15 mph, 518,45 km/h. Dieser sagenhafte Rekord sollte 16 Jahre lang Bestand haben.

Auch weniger bedeutende und dennoch beachtliche Rekorde wurden auf Harley-Davidson Motorrädern erzielt. So raste Valerie Thompson, »The World's Fastest Female Motorcycle Racer«, am 12. September 2007 mit ihrer 120-Zoll-H-D-Panhead mit 161,736 mph durch die Lichtschranke – die schnellste Panhead aller Zeiten. Hiro Koiso schraubte mit seiner 400 PS starken 2006er-Super-Glide die Geschwindigkeit für die schnellste straßenzugelassene Harley auf beachtliche 227,236 mph. Und Laura Klock aus Wisconsin erzielte 2008 mit ihrer Harley-Davidson Road Glide 153,592 mph. Rekord.

1965 stellte George Roeder einen neuen Speed Record in der 250er-Klasse auf – 177,225 mph auf einer Aermacchi Harley-Davidson.

HARLEY
DAVIDSON
SPRINT
GOODYEAR
HARLEY-DAVIDSON

41 Harley-Davidson beim Road Racing

Straßenrennen

Auch wenn Rundstreckenrennen in den USA weit weniger populär sind als im alten Europa, pilgern damals wie heute viele Zuschauer zu den Ovalen in Carlsbad oder Laguna Seca. Das erste 200-Meilen-Rennen nach europäischem Vorbild fand allerdings erst 1937 in Daytona statt. Seitengesteuerte Harley-Davidson WR-Racer galten in jenen Jahren als Universalwaffe und wurden bei verschiedenen Motorsportarten eingesetzt, also auch auf Straßenrennkursen. Erst 1953 lösten die K-Modelle, allen voran die KHRTT in der typischen »Two Face«-Lackierung, die alten WR-Flatheads beim Road Racing ab. Unvergessen ist Werksfahrer Cal Rayborn, der die KR 750 und später die XR 750 mit ohv-Ventilsteuerung bis 1973 von Sieg zu Sieg fuhr.

Nach der Übernahme der italienischen Marke Aermacchi im Jahr 1960 war Harley-Davidson auch in den kleineren Hubraumklassen präsent, etwa mit der 350-ccm-CRTT, die unter Renzo Pasolini berühmt wurde, oder mit der zweitaktenden RR 250, auf der Walter Villa 1974, 1975 und 1976 den Weltmeistertitel in der 250er-Klasse holte. Ab 1981 sammelte die von Tilley Harley-Davidson in North Carolina vorbereitete »Lucifer's Hammer« Punkte bei der neu geschaffenen BOTT (Battle of the Twins) Zweizylinder-Klasse. Der ehrwürdige XR-1000-Motor leistete in der Version von 1988 stattliche 118 PS an der Kurbelwelle, galt aber als absolut ausgereizt und kämpfte daher mit vielen Ausfällen.

Ab 1992 wurde in der Rennabteilung ein konkurrenzfähiges Straßenrennmotorrad entwickelt, die VR 1000. Das »All American Superbike« wies mit dohc-Vierventilzylinderköpfen, Flüssigkeitskühlung und kurzhubiger Auslegung alle Merkmale eines modernen Sportmotors auf. Gefertigt wurden lediglich 53 Stück in reiner Handarbeit, 50 für den freien Verkauf und drei als echte Werksrenner. Weil jedoch der ganz große Erfolg ausblieb, beendete Harley-Davidson sein Engagement beim Road Racing Ende der 1990er Jahre.

Zweiter beim Pikes Peak 1999: Der Kanadier Pascal Picotte treibt sein VR-1000-Superbike über den Rennkurs.

HARLEY-DAVIDSON
DUNLOP
Ford
MAGNETI MARELLI
SHOEI

42__ Drag Racing

Von null auf 200 km/h

Unter beißendem Qualm wärmt ein Dragster-Pilot seinen Hinterreifen an. Der kaum schallgedämpfte Motor des Top-Fuel-Bikes brüllt bei 7000 Umdrehungen. Als die Ampel auf Grün springt, schwillt das Geräusch noch einmal an, und schwupp … ist der Harley Dragster schon verschwunden. In weniger als sechs Sekunden ist er bereits 400 Meter entfernt und hat mit über 380 km/h die Ziellinie überquert. Wow!

Dragster-Rennen, das bedeutet, eine Achtel- oder Viertelmeile-Strecke möglichst schnell zu durchfahren. Beschleunigungsrennen, zwei Gegner, am Start auf hochgezüchteten V2-Racern. Atemberaubend, ohrenbetäubend und gefährlich. Bereits bevor 1950 in Santa Anna/Kalifornien der erste Dragstrip eröffnet wurde, trafen sich Motorradfahrer, um einem Urinstinkt nachzugeben – zu gewinnen. Schon bald wurden Bikes speziell für Drag Races aufgebaut – mit langen Radständen, breiten Hinterreifen und brutalen Motoren.

Ab Mitte der 1960er Jahre wurde auch Flugbenzin für die Königsklasse, die Top Fuelers, verwendet. Weitere Kategorien bildeten sich heraus, darunter auch reine Harley-Davidson Klassen. Dank des großen Engagements vieler privater Techniker und Fahrer haben die Motorräder heute ein beachtliches Niveau erreicht. Und bis auf die äußere Erscheinung finden sich kaum noch serienmäßige Teile an den pfeilschnellen Eigenbauten. Top-Gas-Motoren erreichen locker 200 PS, die schnellsten Top Fueler kommen auf über 700 Pferdestärken.

Auf die Dragster-Pioniere wie Joe Smith mit seinem zweimotorigen Monster oder A-Fuel-Fahrer Anson »Campi« Holley folgten unzählige Talente in diversen Rennklassen. Auch in Europa wurde der Dragster-Sport bald immer populärer. War die Krafft-Harley in den 1980er Jahren noch eine Ausnahme im Feld der Vierzylinder-Bikes, so wurden für die ab 1991 etablierten »All Harley Drags« (AHD) modifizierte Motorräder aus Milwaukee zum gewohnten Bild auf der Viertelmeile. Und mit ihnen brutaler Sound, beißender Qualm und jede Menge Respekt vor dem Mut ihrer Fahrer.

__ Pro Stock Harley: Die schnelle Drag-Race-Fahrerin Lori Francis auf ihrer »Screamin' Eagle«-Harley.

Screamin Eagle
Screamin Eagle
MOTOR
HARLEY-DAVIDSON
CYCLES
Snap-on

thor
6

Flat Track Racing wird auch in Europa immer populärer. Klassische Harleys wie diese Ironhead-Sportster eignen sich perfekt für die Vintage-Rennklasse.

Ob Bagger, Roadster, Chopper oder Bobber: So mancher Entwurf der Company erwies sich als echter Trendsetter. Als individuell gestaltetes Touring-Modell kreierte die Road Glide ihre eigene Klasse.

HIGHLIGHTS

43 Fat Bob

Machobike ab Werk

Neben Super Glide und Low Rider war die Fat Bob die dritte Variante der neuen, schlankeren »Custom« Big Twins von Harley-Davidson. Willie G. Davidson hatte aus Antrieb und Rahmen der Electra Glide sowie aus Fahrwerkskomponenten der Sportster-Modelle die eigenständige FX-Baureihe komponiert. Die FXEF Fat Bob war der Super Glide ähnlich, verfügte aber über einen breiten, zweiteiligen Benzintank, einen stark gekröpften Buckhorn-Lenker und Leichtmetall-Gussräder. Mit der Low Rider teilte sie sich die charakteristisch geschwungene 2-in-1-Auspuffanlage.

Technisch basierte die Fat Bob auf den Big-Twin-Modellen der Electra-Glide-Baureihe. Der bewährte Shovelhead-Motor, ein V2 mit 45°-Zylinderwinkel, in Kombination mit Vierganggetriebe und Kettenantrieb zum Hinterrad zeichnete die klassische Harley-Davidson Bauweise aus. Nur im ersten Baujahr 1979 war die Fat Bob mit 1200 ccm erhältlich. Im Jahr darauf wurde das 1340er-Aggregat (80 cui) die Standardmotorisierung für den dicken Bob.

Die Fat Bob galt als Machobike für echte Kerle. Sie war aufs Wesentliche reduziert, der schwere, mächtige Motor dominierte ihr Erscheinungsbild. Dieser Nimbus kam offenbar sehr gut bei den Kunden an, denn die FXEF verkaufte sich von Anfang an blendend. Bereits im ersten Jahr war die Charge von 5000 Maschinen umgehend vergriffen. 1982 lief die Produktion der Fat Bob aus. Evolution-Motor und FXR-Fahrwerk standen kurz vor der Markteinführung.

Seit 2013 findet sich wieder eine Fat Bob im Modellprogramm der Company. Die Kreativ-Truppe aus Milwaukee hat der Maschine, die zunächst auf Dyna Glide und ab 2017 auf der neuen Softail-Baureihe basiert, wieder ein extrem stämmiges, selbstbewusstes und männliches Design verpasst. Ganz wie bei der Fat Bob von 1979.

Die Fat Bob trägt das firmeninterne Kürzel FXEF. Vor allem der zweiteilige Benzintank und die Aluminiumgussräder unterscheiden sie von der Super Glide.

44__ Tour Glide

Luxustourer in Gummilagern

Bereits Mitte der 1970er Jahre kamen die Techniker bei Harley-Davidson zu der Erkenntnis, dass der alte Schwingenrahmen der FL- und FX-Modelle gegen ein zeitgemäßeres Fahrgestell ausgetauscht werden musste. Mit steigender Motorleistung und höherem Leergewicht kamen Geradeauslaufstabilität und Handlichkeit des traditionellen Rohrgeflechts an ihre Grenzen. Zudem nervte der starr eingebaute V2-Motor mit filterloser Übertragung sämtlicher Vibrationen – vor allem mit dem ab 1978 präsentierten größeren 80-cubic-inch-Motor mit 1340 ccm.

Folgerichtig entwickelten die Ingenieure einen völlig neuen Rahmen für die Touring-Modelle. Dieser zeichnete sich durch ein Vierkant-Oberrohr aus, er war deutlich größer dimensioniert und schwerer als sein Vorgänger. Vor allem aber verfügte er über »rubber engine mounts«, elastische Gummilager für Motor und Getriebe. So konnte verhindert werden, dass störende Schwingungen bis zum Fahrer durchdringen. Eine radikale Geometrie sorgte zudem für ein erstaunliches Handling.

Die FLT Tour Glide erhielt 1980 als erstes Modell den neuen Rahmen. Sie wurde vom 1340er-Shovelhead-Motor samt Fünfganggetriebe angetrieben und war mit einer voluminösen, rahmenfesten Verkleidung mit Doppelscheinwerfern bestückt. Jede Menge Komfort-Extras wie Koffer, Top Case, ein modernes, autoähnliches »Armaturenbrett« und Sturzbügel rundum verfeinerten den Reisecharakter der Tour Glide. Bis 1986 bot Harley parallel zum neuen Fahrwerk auch FLH-Modelle mit dem alten Rahmen an. Jedoch bereicherte bereits 1983 eine Electra Glide mit dem Rubber-Mount-Rahmen die Modellpalette, die FLHT mit typischer Batwing- statt mit Tour-Glide-Verkleidung.

Bis 1985 wurden FLT und FLHT vom Shovelhead-Motor angetrieben, es folgte der 1340er Evolution. 1996 kam das Aus für die Tour Glide, doch alle folgenden Touring-Modelle basierten auf dem wegweisenden Rahmen der ersten Tour Glide von 1980. Mehr noch: Die FLTR Road Glide von 1998 erinnert in ihrer Machart und mit ihrer rahmenfesten Verkleidung stark an den ersten Harley-Tourer mit gummigelagertem Motor.

__ Erster Big Twin mit neu entwickeltem Rahmen war die Tour Glide von 1979. Ab sofort waren lästige Vibrationen passé: Ihr Motor hing in elastischen Gummilagern.

Classic

45 FXR

Big Twin mit Sportfahrwerk

Um Fahrkomfort und Straßenlage der Custom-Baureihe zu verbessern, entwickelte Harley-Davidson Anfang der 1980er Jahre einen völlig neuen Rahmen. 1982 erschienen zunächst die Modelle FXRS Low Glide, FXRT Sport Glide und FXRDG Disc Glide mit dem neuen Fahrgestell, das von nun an die Modelle der Low-Rider- oder FXR-Serie kennzeichnete. Das »R« in der Modellbezeichnung FXR stand dabei für »Rubber Mounted«, denn die Techniker hatten den gesamten Antriebsstrang in Gummielemente gelagert.

Durch die elastische Aufhängung des Motors drangen keine störenden Vibrationen mehr zum Fahrer durch. Fast ebenso wichtig war den Entwicklern, zu denen auch Rennfahrer und Sportmotorradkonstrukteur Eric Buell zählte, ein wendiges, leichtgängiges und dabei hochgeschwindigkeitsstabiles Fahrverhalten zu erzielen. Buell konnte dabei seine Erfahrungen aus dem Rennsport einfließen lassen und testete die Neukonstruktion unter anderem ausgiebig auf der Rennstrecke. Schnell stellte sich heraus, dass Buell und seine Kollegen diese Vorgabe mit Bravour erfüllt hatten. Im Vergleich zu den Vorgängermodellen mit klassischem Schwingenrahmen – FX Super Glide, Low Rider und Fat Bob – fuhr sich die neue FXR wie ein Supersportler.

Noch bis 1983 wurde der gusseiserne Shovelhead-Motor in die FXR-Fahrwerke verbaut, der dann vom Evolution-V2 mit 1340 ccm abgelöst wurde. Mit Zahnriemenantrieb zum Hinterrad und Fünfganggetriebe waren alle FXR-Typen von Anfang an ausgestattet. In den kommenden zwölf Jahren entstanden unzählige Modellvarianten, die sich nur in wenigen Details und im Namen voneinander unterschieden. Bei der exakten Unterscheidung von Convertible Low Rider, Sport Glide Grand Touring oder Low Glide Custom Limited Edition kamen selbst ausgesprochene Markenkenner an ihre Grenzen. 1994 lief die letzte FXR vom Band, die ab 1991 erschienene Dyna-Glide-Baureihe hatte sie sukzessive abgelöst.

»Vielleicht geht dieses Mal nichts bei der Übersetzung verloren«, stichelte Harley-Davidson Anfang der 1980er Jahre gegen die japanischen Motorradhersteller, die ihre Cruiser im – manchmal etwas unbeholfen kopierten – US-Stil gestaltet hatten.

INTRODUCING THE REVOLUTIONARY FXRS.
MAYBE THIS TIME NOTHING WILL GET LOST IN THE TRANSLATION.
A new exclusive soft wrinkle split seat with sissy bar and padded backrest lets you cruise in long range comfort.
The buckhorn bars and chromed highway pegs are essential to that low, laid back Harley ride.
The flowing styling is turned into a velvet smooth ride by a unique trimount chassis system that isolates the engine and dampens road shock and vibration.
The carefully pinstriped fat bob tank with a new console including a gas gauge telegraph the Harley-Davidson custom heritage.
Special custom finishes bring out the beauty of the massive 80 cu. in. V-Twin engine. A new 5-speed transmission brings out the beast.
We don't just chrome our fenders. Rich two-tone paint over a fat 16" tire is the only way to go.
The revolutionary tubular frame along with Dunlop tires mean road grabbing performance. Raised white letters grab the attention.
Chromed staggered shorty duals are an exclusive Harley-Davidson trademark.
When Harley-Davidson introduced the first factory custom bike in 1977, the whole idea was completely foreign to foreign motorcycle manufacturers. Since then they've been able to do little more than pick up on some of the language. Today they're talking about their laid back riding positions, pullback handlebars, tear-drop tanks, even their V-Twins. But it is obvious, something keeps getting lost in the translation.
Now their problems are only going to get worse. Because this year we're introducing one more in a long line of revolutionary motorcycles. The FXRS Super Glide II®.
This time, we've made a special effort to spell out the FXRS's unique features for all the world to see. All-around innovative design makes the FXRS the best handling motorcycle we've ever built. But like our Low Rider®, Wide Glide™ and Sturgis™, like all our custom bikes, the new FXRS is more than a machine.
The FXRS is clean and simple. It is uncluttered with styling afterthoughts. It's not burdened with over-teched complexity. It doesn't look like a foreign bike because it came about in an entirely different way. It was built by people, for people—the way a custom bike should be.
MOTORCYCLES. BY THE PEOPLE. FOR THE PEOPLE.™
HARLEY-DAVIDSON
Harley-Davidson Motor Co., Inc.
We support the Motorcycle Safety Foundation and the A.M.A. and recommend you wear a helmet while riding. Specifications subject to change without notice. Support the Bikers Fight Against Muscular Dystrophy.

46 XR 1000

Racing-Derivat für schnelle Straßenritte

Wer glaubt, Harley-Davidson könne nur pompöse Tourer und schmuckvolle Chopper bauen, der sollte sich einmal die XR 1000 von 1983 anschauen. Das schlanke und durchtrainierte Motorrad ist die typisch amerikanische Interpretation eines dynamischen Sportmotorrads. Da sich »Sport« in den Vereinigten Staaten völlig anders definiert als in Good Old Europe, verfolgt die XR 1000 nicht die gleichen Ziele wie zeitgenössische Sportmotorräder der Mitbewerber. Denn das schlanke, ausschließlich in Dunkelgrau erhältliche Bike orientiert sich nicht etwa am Straßenrennsport, sondern an den Vorbildern des Flat Track Racing.

Dick O'Brien, der langjährige Chef der Harley-Rennabteilung, entwickelte auf Basis des Sportster-Triebwerks und Leichtmetallzylinderköpfen ein simpel aufgebautes und vergleichsweise leichtes Straßenmotorrad mit den Genen der erfolgreichen Flat-Track-Rennmaschine XR 750. Heraus kam dabei ein beinahe unscheinbarer Roadster, der vor allem durch seinen mächtigen V2-Motor punktete. Unter dem winzigen 8-Liter-Tank ragten auf der rechten Seite zwei riesige 36er-Dell'Orto-Vergaser mit Beschleunigerpumpe und länglichen K&N-Luftfiltern ins Freie. Links schlängelten sich zwei halbhoch verlegte Krümmer samt kurzen schwarzen Schalldämpfern zwischen den Zylindern und dem Bein des Fahrers hindurch. Die Straßenversion leistete stramme 67 PS bei 5600 Touren. Tuningteile für den Sporteinsatz waren beim Vertragshändler erhältlich und brachten den 1000er-V2 auf über 100 Pferde.

Konsequent verzichtete die XR 1000 auf Soziussitz und Komfortextras, erhielt dafür eine Doppelscheibenbremse im Vorderrad. Eine Werksgarantie war für das unkonventionelle Sportmotorrad jedoch nicht erhältlich. So wurde die XR in Europa nie wirklich verstanden, nur wenige der 1000 gebauten Flat-Track-Repliken schafften es über den großen Teich. Wer jedoch einmal eine gefahren ist, der fasst das emotionale Erlebnis knapp zusammen: ein Naturereignis, bei dem einem Hören und Sehen vergeht!

Mit der XR 1000 präsentierte die Motor Company 1983 ein Sportmotorrad nach den Vorbildern der Flat-Track-Rennmaschinen.

Harley-Davidson

47 Heritage Softail

Klassischer Tourer mit Softail-Fahrwerk

Harley-Davidson war schon immer geschickt darin, aus einem einzigen Motorradmodell eine komplette Modellfamilie zu erschaffen. So führte die Marke 1986 einen weiteren genialen Schachzug aus. Die Designabteilung verwandelte die zwei Jahre zuvor erschienene Softail Standard mit 21-Z-Vorderrad in eine touristische Variante mit völlig anderem Erscheinungsbild. Dazu bestückten die Formgestalter die Softail-Basis mit einem 16 Zoll kleinen Vorderrad und einer verkleideten Tourer-Gabel. Weit herunterreichende Schutzbleche und ein großer Chromscheinwerfer machten die Retro-Optik perfekt – das alles zu einer Zeit, als Retro-Bikes noch nicht erfunden waren.

Ein Windschild, das mit Schnellverschlüssen an verchromten Halterungen montiert war, sowie abnehmbare Satteltaschen aus Leder verliehen der Heritage Softail den perfekten Fourties-Style. Auf der bequemen Sitzbank, die Füße auf großflächigen Trittbrettern gebettet, ließ sich vorzüglich die Landschaft genießen. Das Fahrwerk sorgte für hohen Komfort und garantiert gemütliche Stunden im Sattel. Der Beifahrer nahm auf einem nicht minder komfortablen Sitz mit gepolsterter Sissybar Platz. Genau wie die Softail Standard vertraute das neue Modell auf die Starrrahmenoptik und den 1340 ccm großen Evolution-Motor. So ließ sich klassisches Design im Stil der frühen »Dresser« mit relativ moderner Technik und hoher Alltagstauglichkeit kombinieren.

Die Heritage Softail verkaufte sich prächtig und zählte zu den beliebtesten Modellen der Motor Company. Sie hält sich bis heute eisern im Programm der Marke. Als Heritage Classic 114 verfügt sie über den 2017 neu entwickelten Softail-Rahmen und einen kraftvollen 1868-ccm-V2 aus der Milwaukee-Eight-Baureihe. Und auch der mondäne Boulevard Cruiser Softail Deluxe tritt eindeutig in die Fußstapfen seiner Vorfahren von 1986.

Dank Starrrahmenoptik und traditionellen Anbauteilen wirkt die Heritage Softail von 1986 wie ein Klassiker aus den 1940er Jahren.

HARLEY DAVIDSON
Heritage Softail

48__ Dyna Glide

Neues Fahrwerk für den Big Twin

Das Kürzel »FXD« in der Modellbezeichnung steht für die ab 1991 präsentierten Dyna-Glide-Modelle. Als potenzieller Nachfolger der FXR-Baureihe begann die Entwicklung bereits kurz nach deren Markteinführung. Ziel war es, die Fahrdynamik weiter zu steigern, außerdem sollten die Fertigungskosten gesenkt werden. Zwei statt drei vibrationsdämpfende Gummielemente zwischen Rahmen und Motor erwiesen sich als ausreichend – und preiswerter in der Herstellung. Wie gehabt sorgten zwei klassische Federbeine am Heck für die Abstützung der Hinterradschwinge.

Als erstes Modell mit dem neuen Fahrwerk kam 1991 die ganz in Schwarz lackierte FXDB Sturgis auf den Markt. Wie bei den beiden Folgemodellen von 1992, Daytona und Dyna Glide Custom, handelte es sich um ein limitiertes Sondermodell. Erst nach und nach löste die Dyna Glide die FXR-Modelle ab. 1999 erschien die FXDX Super Glide Sport. Mit verbesserten Federelementen und Doppelscheibenbremse im Vorderrad legte sie den Schwerpunkt auf Fahrdynamik. 2006 überarbeitete Harley-Davidson das Dyna-Chassis. Zudem kam ab sofort ein Sechsganggetriebe zum Einsatz. Mit der FXDBI Street Bob erschien im gleichen Jahr ein beliebtes Modell, das dank Minimalausstattung, Mattlack und Solositz den Einstieg in die Big-Twin-Palette von Harley-Davidson markierte. Auch die FXDI35 35th Anniversary Super Glide in den Farben der ersten Super Glide von 1971 bereicherte den Modelljahrgang 2006. Im Jahr darauf kam die Dyna Glide in den Genuss des Twin-Cam-96-Motors mit 1584 ccm, der den Twin Cam 88 ablöste. Das »I« in der Modellbezeichnung fehlte von nun an bei allen Modellen, schließlich zählte die Benzineinspritzung (Injection) zum Standard.

Es folgten weitere Modelle wie die FXDF Fat Bob, die FXDWG Wide Glide (beide 2008) oder der variable Sport-Tourer Switchback. 2012 erhielten einige Dyna-Modelle den Twin-Cam-103-Motor. Noch mehr Leistung und Drehmoment versprach der Screamin' Eagle Twin Cam 110, der 2016 in die FXDLS Dyna Low Rider S eingebaut wurde, ein schwarz lackiertes Kraftpaket. 2017 lief die Produktion der Dyna-Fahrwerke aus. Das neue Softail-Chassis wurde nun auch bei den weiterhin Dyna Glide getauften Modellen eingesetzt.

Mit breiter Gabel, 21-Zoll-Vorderrad und Ducktail-Heckfender ist die Dyna Wide Glide von 1997 ein waschechter Chopper.

NO
PARKING

49 Road King

Tourer im Stil der 1960er Jahre

Ende der 1970er Jahre war die Electra Glide zu einem gewaltigen Reisedampfer mit Koffern, Top Case und ausladender Batwing-Verkleidung herangewachsen. Doch es gab genug Freunde minimalistisch ausgestatteter Big Twins, die keine Super Glide mit 19-Zoll-Vorderrad fahren wollten, sondern eine traditionelle Harley – im Stil von Hydra Glide und Duo Glide und ohne das damals obligatorische Touren-Ornat.

1977 brachte die Motor Company daher mit der Electra Glide Sport eine reduzierte E-Glide ohne Verkleidung und Tour-Pak auf den Markt. Lediglich ein Windschild schützte den Fahrer und sorgte für den gewünschten klassischen Look. 1981 wurde sie als Sport Electra Glide neu eingeführt, 1983 erhielt sie ein optimiertes Fahrwerk und – wie die übrigen Tourer im Programm – den neu entwickelten Evolution-Motor. Die Modellpflege im Jahr 1987 beinhaltete die All-in-one-Instrumente der Tour Glide.

Die Electra Glide Sport gilt als Vorläuferin der noch heute erhältlichen Road King. Diese erschien erstmals 1994 als Ersatz für die »Sport«-Modelle und folgte den gleichen Überlegungen. Auch bei ihr wurden ein Windschild statt der Verkleidung und die »Ochsenkopf«-Lampenverschalung verbaut, jedoch gehörten Seitenkoffer zur Serienausstattung. Im Modellprogramm von Harley-Davidson verkörperte die Road King den reduzierten, nostalgischen Stil der 1960er Jahre. Unzählige Ausstattungsvarianten beinhalteten zum Beispiel Drahtspeichenräder, Leder-Satteltaschen oder eine kleinere Windschutzscheibe.

Bis 1998 wurde bei der Road King der Evolution-Motor mit 1340 ccm eingesetzt, ab 1996 optional mit Einspritzanlage. Von 1999 bis 2008 diente der Twin-Cam-Motor als standesgemäße Antriebsquelle. Bei den aktuellen Modellen, ab 2017, packt der Milwaukee-Eight-107-Motor eine zusätzliche Schippe Drehmoment und Leistung obendrauf.

Das Jubiläumsmodell der Road King zum 100. Geburtstag von Harley-Davidson aus dem Jahr 2003 trägt eine schwarz-silberne Sonderlackierung.

HARLEY

50__ Street Rod

Roadster für die Hausstrecke

Mit der 2002 vorgestellten V-Rod hatte Harley-Davidson ein heißes Eisen im Feuer. Der drehfreudige, wassergekühlte Revolution-Motor versprach beachtliche Fahrleistungen. Doch das auf US-Verhältnisse zugeschnittene Fahrwerk und die eingeschränkte Schräglagenfreiheit konnten die Ansprüche ambitionierter Fahrer nicht zufriedenstellend erfüllen.

Anfang 2005 konnten Sportfahrer aufatmen. Die amerikanischen Ingenieure hatten rund um den munteren, 120 PS starken 60°-Twin eine Fahrmaschine gebaut, die sich um Welten aktiver gab als alles, was bisher aus Milwaukee gekommen war. Ein anderer Lenkkopfwinkel, Upside-down-Gabel, Brembo-Bremsen und die mittige Position der Fußrasten machten die Harley-Davidson VRSCR Street Rod zu einem potenten Naked Bike, mit dem ein begabter Fahrer selbst zügig gefahrene Supersportler vollstrecken konnte. Mit einem derartigen Roadster verließ die Motor Company jedoch den sicheren Hafen aus Choppern, Cruisern und Tourern. Eine sportliche Harley hatten nicht viele Kunden auf dem Zettel, nicht einmal in Europa. Weil zudem das unspektakuläre Design der Maschine kaum das Potenzial der Street Rod vermitteln konnte, dümpelten die Verkäufe auf niedrigem Niveau.

Zum Glück verpassten einige engagierte Harley-Händler der Street Rod ein deutlich dynamischeres Kleid. »Harley-Davidson und Buell Bonn« ging sogar noch einen Schritt weiter und baute eine Street Rod als Rennmaschine für die Teilnahme an den 1000 Kilometern von Hockenheim auf. Unter den Fahrern Dirk Scheffer und Andy Glänzel erreichte das nur geringfügig modifizierte US-Bike einen beachtlichen 21. Platz. Trotz aller offensichtlichen Talente wurde die Produktion der Street Rod bereits 2007 wieder eingestellt. 2017 hat Harley-Davidson die Typbezeichnung noch einmal aus der Mottenkiste gekramt und das Upgrade des Einsteigermodells Street 750 auf den Namen »Street Rod« getauft. Aber das ist eine andere Geschichte.

__ Der Harley-Davidson Vertragshändler aus Bonn stellte eindrucksvoll unter Beweis, dass eine Street Rod auch auf der Rennstrecke mitreden kann.

181
RACING BONN
Harley-Davidson
GASLOCK
H-D RACING BONN
TURCK

51 Night Rod Special

Erfolgreich nachgedunkelt

Bereits im Herbst 2001 rüttelte Harley-Davidson die Cruiser-Gemeinde mächtig auf. Die neu entwickelte V-Rod war kein gemütlicher Chopper oder Tourer mehr, sondern ein modernes und fahraktives US-Bike mit ausgeprägtem eigenem Charakter. Dank ihres drehfreudigen, wassergekühlten »Revolution«-Aggregats mit 60°-Zylinderwinkel schuf die V-Rod gar eine neue Gattung, die der Power Cruiser. Anders als klassische Harleys schlug sie sich auch auf schnellen Landstraßen und auf deutschen Autobahnen hervorragend. Sie beschleunigte in unter vier Sekunden von null auf 100 km/h und erreichte spielerisch weit mehr als 200 km/h.

Genau wie die Ur-V-Rod zählte auch die vier Jahre später nachgeschobene Night Rod zur Harley-Davidson VRSC-Familie. Mit schwarzem Lack und ebenfalls geschwärztem Motor verkörperte sie die böse, die dunkle Seite der Macht. Zu ihrer optischen Dominanz passte der kraftvolle Motor mit 1131 ccm und 120 PS perfekt. 2007 dann erschien mit der Night Rod Special eine »nachgedunkelte« Variante des Dragbikes.

Der 2008er-Jahrgang profitierte von einer Vergrößerung des Hubraums auf 1246 ccm, die Leistung stieg auf 125 PS. Zeitgleich fiel die Night Rod – ohne Special – aus dem Programm. Die Fahrleistungen der neuen Night Rod Special waren äußerst beeindruckend. Der 1250er-Motor trug dem Anspruch an einen Power Cruiser Rechnung. Im Rahmen der Modellpflege für 2009 wurde ABS serienmäßig.

2012 folgte eine letzte größere Überarbeitung. Eine stabile Upside-down-Gabel ersetzte die bisherige Telegabel. Leichtere Gussräder, eine neue Sitzbank und schlankere Fender kennzeichneten die neue Generation. Zudem erschien mit der »V-Rod 10th Anniversary Edition« ein Sondermodell auf Basis der Night Rod Special. Zum Leidwesen der sportlichen Harley-Fans wurde 2016 die Produktion der gesamten VRSC-Baureihe eingestellt. Dragstyler und Bad Boys müssen nun auf Breakout oder FXDR mit klassischer Harley-Technik umsteigen.

Düster und böse blickt die Night Rod Special aus ihrem Rundscheinwerfer. Ihr kräftiger und drehfreudiger Motor passt perfekt zum optischen Versprechen des Power Cruisers.

52__ Dyna Street Bob

Einstieg in die Königsklasse

2006 präsentiert Harley-Davidson mit der Street Bob die preisgünstigste Variante der Dyna-Baureihe und damit die günstigste aller Harley-Big-Twins. Sie verzichtet auf die sonst üblichen Luxus- und Technikfeatures, selbst eine Zweimann-Sitzbank und die zweite Bremsscheibe im Vorderrad zählen nicht zur Serienausstattung. Doch die Street Bob ist keineswegs ein simples Einsteigermotorrad, denn der offen zur Schau getragene Purismus passt perfekt zum klassischen Bobber-Style der frühen Nachkriegsjahre.

Ausgestattet mit halbhohem Apehanger-Lenker, kleinem Scheinwerfer und kurzem Heckfender mit Retro-Rücklicht entwickelte sich die minimalistische Fahrmaschine zum Bestseller im Programm der Motor Company. Angetrieben wird die Street Bob vom Twin-Cam-Motor mit 1449 ccm, wie gehabt aus zwei im 45°-V stehenden Zylindern. Mit sattem Durchzug aus dem Drehzahlkeller und tieffrequentem Sound passt der V2 perfekt zum lässigen Charakter der Street Bob. Zum Modelljahr 2009 wurde sie mit schwarzen Speichenrädern, neuem Solositz und dem größeren Twin-Cam-96-Motor mit 1584 ccm aufgewertet.

2014 stand eine weitere Vergrößerung des Hubraums an: Der schwarz beschichtete Twin Cam 103 stellte mit 77 PS aus 1690 ccm jede Menge Drehmoment und Leistung bereit. Vier Jahre später waren die Zeiten des Dyna-Glide-Fahrwerks gezählt. Im Zuge der Einstellung des Fahrgestells mit Stereofederbeinen und der Vereinheitlichung der Rahmenkonstruktionen erhielt die Street Bob das neu entwickelte Softail-Fahrwerk. Ab sofort heißt sie Softail Street Bob und wirkt dank angedeuteter Starrrahmenoptik noch cooler. Gleichzeitig hielt der leistungsstarke Milwaukee-Eight-107-V-Twin-Motor mit satten 145 Newtonmetern Drehmoment Einzug in die neue Generation. Die wenigen zusätzlich eingeführten Features wie ein elektronischer Gasgriff oder LED-Beleuchtung verfälschen nicht den Charme des puristischen US-Bikes.

__ Minimalistisch: Die günstigste Variante der Dyna-Baureihe, die Street Bob, ist gleichzeitig eines der attraktivsten Modelle im Harley-Programm.

PREMIUM UNLEADED
NO SMOKING
Harley Davidson

53 XR 1200

Sportster aus dem Kraftstudio

Auf der Intermot 2005 in Köln wurde sie zum ersten Mal präsentiert: die Sportster, die das »Sport« im Namen verdient hat. XR 1200 nannte sich das durchtrainierte Naked Bike, das mit kräftigen 91 PS prahlte. Nicht umsonst fand die Weltpremiere in Deutschland statt, denn mit ihren dynamischen Genen hatte es die XR 1200 vor allem auf den europäischen Markt abgesehen. So waren es auch die Harley-Davidson Niederlassungen in Europa, die bei der US-Zentrale ein sportlicheres Modell nachfragten.

Der V2-Einspritzmotor der XR stammte in seinen Grundzügen von den Sportster-Modellen ab und wies auch deren Hubraum von exakt 1202 ccm auf, jedoch verhalfen ihm leistungssteigernde Maßnahmen und die Verwendung diverser Teile aus dem Buell-Baukasten zu einer Kraftkur von immerhin 24 PS gegenüber der normalen XL 1200. Um die Extra-Power sicher auf die Straße zu bringen, krallte sich der V2-Sportler mit einem veritablen Fahrwerk an den Asphalt. Upside-down-Gabel, Aluminiumschwinge, moderne 18-Zoll- bzw. 17-Zoll-Bereifung und eine effiziente Dreischeiben-Bremsanlage machten die XR zu einem frechen Landstraßenfeger.

Äußerlich erinnert der Roadster an die erfolgreichen Dirt-Track-Rennmaschinen von Harley-Davidson. So ist die Form von Benzintank und Höckersitzbank eng an das Design des XR-750-Racers angelehnt. Vor allem in den Harley-Werksfarben Schwarz/Orange versprüht die 1200er jede Menge Rennstrecken-Flair. Auch die Auspuffanlage findet einen gelungenen Kompromiss aus Track-Optik und zulassungskonformem Schalldämpfervolumen. Zwar liegt das Leergewicht der Maschine noch immer bei stattlichen 260 Kilogramm, und mit den Fahrleistungen eines japanischen Supersportlers konnte und wollte sie nicht konkurrieren. Doch kein Milwaukee-Eisen vor ihr zirkelte knackiger um die Kurven, nie zuvor war Harley-Fahren sportlicher.

Die dynamische, 91 PS starke XR 1200 von 2005 nimmt optische Anleihen an den erfolgreichen Dirt-Track-Racern der Motor Company.

HARLEY-
DAVIDSON
XR1200
SPORTSTER

54 Forty-Eight

Sportster im Bobber Style

Im Jahr 1948 präsentierte Harley-Davidson ein kleines, unscheinbares Zweitaktmotorrad, die S 125. Die Ingenieure in Milwaukee hatten die Technik der deutschen DKW RT 125 kopiert und die Optik den amerikanischen Sehgewohnheiten angepasst. Zum ersten Mal trug eine Harley-Davidson einen »Peanut-Tank«, den kleinen Benzinbehälter mit den glatten Flanken, der ein stilbildendes Merkmal der Sportster-Modelle werden sollte.

Als 2010 die Forty-Eight gelauncht wurde, verfügte sie über einen kaum acht Liter fassenden Benzintank im Peanut-Style und wies bereits in ihrer Typenbezeichnung auf das Baujahr 1948, das Premierenjahr eben jenes Tanks, hin. Doch die Forty-Eight hatte mehr zu bieten als einen traditionsbeladenen Spritbehälter. Mit dicken 16-Zoll-Rädern, gelochten Rahmenabdeckungen, flachem Lenker und vorverlegten Fußrasten kam sie dem Ideal eines lässigen Bobbers bereits sehr nahe. All-in-one-Blinker, bei denen die hinteren Blinker zugleich als Rück- und Bremslichter dienten, und unterhalb des Lenkers montierte Rückspiegel unterstrichen den rotzigen Look.

Der 1200-ccm-V2-Motor sorgte für druckvollen Vortrieb, die eingeschränkte Schräglagenfreiheit war der flachen Optik geschuldet. Und dank der niedrigen Sitzhöhe eignete sie sich auch für kleinere Fahrer. Eine Sportster mit derart bullig-muskulösem Erscheinungsbild fehlte bislang im Portfolio. Die Forty-Eight wurde daher gierig vom Markt aufgenommen und schon bald zum Kultobjekt.

Von Anfang an verkaufte sich die Forty-Eight hervorragend, in Deutschland führte sie gar die Harley-Davidson Neuzulassungen an. 2014 erhielt sie serienmäßig ABS. Auch nach der Modellpflege im Jahr 2016 blieben die Verkaufszahlen stabil. Vor allem das Fahrwerk profitierte von den Veränderungen. So gab es nun eine Gabel mit 49 statt 39 Millimetern Standrohrdurchmesser; Leichtmetall-Gussräder, hochwertigere Stoßdämpfer und schwimmend gelagerte Bremsscheiben werteten die 1200er auf. Denn tief im Herzen ist sie noch immer ein lässiger Bobber mit kraftvollem Auftritt und reduziertem Style.

16-Zoll-Räder, flacher Lenker, winziger Benzintank: Der Bobber-Style steht der auf der 1200er-Sportster basierenden Forty-Eight hervorragend.

Harley-Davidson

55 Dyna Switchback

Harleys Schweizer Taschenmesser

Die Dyna Switchback von 2012 übernahm im Programm von Harley-Davidson die Rolle des Schweizer Taschenmessers. Bereits ihr Name deutete an, dass es der Neuheit vor allem um Verwandlungsfähigkeit und Vielseitigkeit ging. Mit Koffern und Windschild gab sie einen prächtigen Tourer ab, ohne diese Anbauten war sie ein waschechter Cruiser. Bis heute kann kein anderes Harley-Modell mit ihrer erstaunlichen Wandelbarkeit konkurrieren.

Das raffinierte Baukastensystem der Motor Company ermöglichte die Entstehung dieses neuen, völlig eigenständigen Modells. Basierend auf dem Dyna-Chassis zählten moderne Goodies wie ABS, Wegfahrsperre, Alarmanlage und automatische Blinkerabschaltung zur Serienausstattung. Als erstes Modell der Dyna-Baureihe erhielt die FLD Switchback den hubraumstärkeren Twin-Cam-103-Motor mit nun 1690 ccm. Die Leistung stieg auf 76 PS, das maximale Drehmoment auf 126 Newtonmeter und der Fahrspaß auf eine neue, höhere Ebene. Trotz immerhin 330 Kilogramm Leergewicht plus Besatzung vermochte der 1,7-Liter-Motor die Fuhre unangestrengt und druckvoll zu beschleunigen.

Auf längeren Strecken konnte sich der Fahrer in eine bequeme Sitzmulde fläzen, das große Windschild bot hervorragenden Komfort, die Füße fanden Platz auf gummigelagerten Trittbrettern, und das Reisegepäck wurde unkompliziert in den schlanken Seitenkoffern verstaut. Stand hingegen eine kurze, intensive Schönwetterrunde an, konnten Koffer und Scheibe ohne Werkzeug und innerhalb weniger Sekunden entfernt werden. So erhielt der Käufer zwei Motorräder in einem: den Tourer mit Gepäckraum und praktischem Wetterschutz auf der einen Seite, das nackte Big Bike für lässiges Cruisen auf der anderen. Aussehen und Fahrfeeling änderten sich durch die Demontage beträchtlich. Doch ob mit oder ohne Anbauten: Die Switchback gab in jedem Fall eine harmonische Einheit ab.

Tourer oder Cruiser? Ihre Verwandlungsfähigkeit macht die Dyna Switchback zu einem praktischen Universaltalent.

56_ Softail Breakout

Willkommen im Reich des »Long and Low«

Als nach 2016 die Modelle der VRSC-Baureihe – V-Rod, Night Rod und Co. – nicht mehr angeboten wurden, mussten sich Freunde brachialer Musclebikes wohl oder übel woanders umsehen. Fündig wurden sie bei der Konkurrenz, die mit Ducati Diavel, Triumph Rocket III oder Moto Guzzi Audace heiße Eisen im Feuer hatte. Aber halt: Bei genauerem Hinsehen hielt auch das Programm von Harley-Davidson einen würdigen Nachfolger für die wassergekühlten Drag Bikes bereit, die Softail Breakout.

Seit 2013 steht die Softail Breakout für tiefen Drag-Look, beeindruckende Durchzugswerte und muskulösen Auftritt. Anders als die technoide, modische V-Rod und trotz ihres lang gestreckten Designs ist sie geprägt von ehrlicher, traditioneller Mechanik und vom Glanz amerikanischen Schwermetalls. Geduckt und satt steht sie auf ihren Leichtmetallrädern. Der neu entwickelte Softail-Rahmen sorgt für ansprechende Fahrdynamik, der fette 240er-Hinterreifen bringt die Kraft zuverlässig auf den Asphalt. Denn beim Beschleunigen an der Ampel muss diese Harley nur wenige Gegner fürchten.

Für die überragenden Fahrleistungen sind vor allem die famosen V2-Motoren verantwortlich, die im Laufe der Generationen in der Softail Breakout verbaut wurden. Zunächst war das Musclebike mit dem bewährten Twin-Cam-Motor erhältlich. 2017 folgte das 107er-Milwaukee-Eight-Aggregat, das 2019 vom optional erhältlichen bärenstarken Milwaukee Eight 114 mit 1886 ccm flankiert wurde. 2020 entfiel der kleinere Milwaukee Eight zugunsten des 114er-Dampfhammers. Anders als der drehgierige V-Rod-Motor liefert der monströse 1,9-Liter-Motor seine Kraft bereits bei minimalen Drehzahlen ab – und wirkt dabei stets äußerst unangestrengt. Keine Frage, dieser Motor ist der kräftigste Harley-Serien-V2 aller Zeiten.

Mit lang gestrecktem, geducktem Style und breitem 240er-Hinterreifen übernimmt die Softail Breakout die Rolle des Musclebikes im Verkaufsprogramm von Harley-Davidson.

WISCONSIN
41
MFG

57__ Low Rider S

Im Stil der »Sons of Anarchy«

Die Stylingabteilung bei Harley-Davidson hat schon immer ganz genau hingeschaut, was in der Motorradszene gerade angesagt ist. Regelmäßig beobachtet die Company die neuesten Trends auf Shows und Rallys. So manche Design-Idee wurde zunächst von kreativen Schraubern auf der Straße ausgebrütet und dann für die Serienfertigung adaptiert.

Als junge, stylische Biker an der US-Westküste ihre schwarz lackierten Dynas mit Hochlenkern und kleinen Lenkerverkleidungen versahen, damit wie die Derwische auf dem Hinterrad und im Drift durch Kalifornien ballerten, war ein neuer Stil geboren. Populär wurden die schnellen Dyna Glides dann durch ihre Auftritte in der erfolgreichen Rocker-Soap »Sons of Anarchy«. Fast alle Bikes des dort dargestellten SAMCRO-Chapters – auch das der Hauptfigur Jax – waren Dynas mit viel schwarzer Farbe, T-Bar-Lenker und Frontverkleidung.

2016 ließen sich die Designer in Milwaukee von diesem Stil inspirieren. Die so entstandene Low Rider S erhielt nicht nur den typischen Look, sondern auch einen extrakräftigen Motor. Mit 1801 ccm war der »Screamin' Eagle Twin Cam 110« der größte zu seiner Zeit erhältliche Harley-V-Twin – normalerweise den exklusiven CVO-Sondermodellen vorbehalten. Die Low Rider S sah nicht nur ungemein böse aus, mit einem Drehmomentgipfel von gewaltigen 156 Newtonmeter benahm sie sich auch so. 2018 schien die kurze Phase der ultrakräftigen Low Rider S bereits wieder vorüber zu sein. Doch 2019 präsentierte die Motor Company eine neue Version. Basierte die erste Low Rider S noch auf der Dyna-Baureihe mit zwei Stereofederbeinen im Heck, so baute ihre Nachfolgerin auf den neuen Softail-Rahmen. Auch der Motor stammte nun von der neuesten Generation ab, dem Milwaukee Eight. Mit 1868 ccm überflügelte das 114er-Aggregat die Urversion und sorgte für atemberaubende Fahrleistungen.

__ Schwarz, ungehobelt, kräftig motorisiert: Der böse Bube unter den aktuellen Harley-Davidson Modellen hört auf den Namen Low Rider S.

So gesehen ist die Low Rider S der ideale Gegenentwurf zum Elektrobike LiveWire, das zeitgleich bei Harley-Davidson von den Bändern rollt. Beide verfügen über phänomenale Fahrleistungen, doch während das E-Bike lautlos und elegant beschleunigt, kommt der Schub bei der Low Rider S überfallartig, brutal und lautstark.

HARLEY-
DAVIDSON
114
MICHELIN

58 FXDR 114

Schwerstathlet der Softail-Baureihe

Bis vor Kurzem galt eine Softail Breakout als deftiges Dragbike, eine Fat Bob als bitterböse und die seit 2016 nicht mehr erhältliche V-Rod Muscle als das ultimative Hooligan-Bike der Motor Company. Doch das, was Harley-Davidson 2018 dem erstaunten Publikum präsentierte, stellt all diese Assoziationen in den Schatten. Seither ist die FXDR 114 das sportlichste, modernste, böseste und auch teuerste Modell der Softail-Baureihe.

Sie hätte einen richtigen Namen verdient, so wie all die Fat Boys, Heritage, Low Rider oder Deluxe. Doch auch wenn – und vielleicht gerade weil – sie lediglich mit der Buchstabenfolge FXDR betitelt wurde, ist die Neue ein polarisierendes Statement. Athletisch steht die FXDR auf ihren Leichtmetallrädern. Der hintere 240er-Reifen gibt bereits im Stand ein dynamisches Versprechen ab. Eine neue Aluminium-Hinterradschwinge anstelle der in der Softail-Familie üblichen Dreiecksschwinge aus Stahlrohr sorgt für Gewichtsersparnis und die Abkehr vom klassischen Starrrahmen-Look. Den flachen Dragstyle unterstreichen ein provokant nach vorne gerichteter Performance-Luftfilter, die souveräne Bremsanlage und eine mächtige Upside-down-Gabel.

Dazu passt auch der gewaltige Milwaukee-Eight-V-Twin mit 114 Kubikinch (1868 ccm) Hubraum perfekt. Bei maximal 160 Newtonmetern Drehmoment bleibt in puncto Ampelstart kein Auge trocken. Doch die FXDR ist weit mehr als nur ein Beschleunigungsmonster. Denn auf kurvigen Strecken bietet sie größere Schräglagenfreiheit als alle anderen Softails. Wer dann mit weit nach vorne gespannten Armen und Beinen kurvige Landstraßen mit Volldampf niederwalzt, wer in der Lage ist, die gewaltige Power des inoffiziellen V-Rod-Muscle-Nachfolgers auf den Asphalt zu bringen, der wird an seiner Harley völlig neue Seiten entdecken. Die FXDR 114 besticht durch kraftstrotzendes Design, sie hat einen brachialen Motor an Bord und … macht richtig viel Spaß.

Upside-down-Gabel, Aluschwinge, knackiger Sportauspuff: Der moderne Look der FXDR von 2019 stellt alle anderen Modelle aus dem Programm der Motor Company in den Schatten.

HARLEY-
DAVIDSON

Fat Boy, Heritage Softail, Road King: Einträchtig rollen die Big Twins der 1990er Jahre nebeneinander her – über den Highway 1 in Kalifornien.

Die Produktion von Harley-Davidson Motorrädern findet nicht ausschließlich in den USA statt, sondern auch in Indien und Thailand. Keimzelle ist jedoch das Werk in Milwaukee, Wisconsin. Bereits 1916 war dort eine ansehnliche Fabrik entstanden.

PRODUKTIONS-STÄTTEN

HARLEY-DAVIDSON
FACTORY №3
BICYCLES
HARLEY-DAVIDSON
H-D
8325

59__Juneau Avenue Milwaukee

Headquarter einer Legende

Auch wenn an der 3700 W. Juneau Avenue in Milwaukee, Wisconsin heute nicht ein einziges Motorradteil hergestellt wird, so ist das Headquarter von Harley-Davidson dennoch eine echte Legende, ein Mekka für Freunde der Marke. Doch beginnen wir einfach ganz vorne.

Als der 21-jährige Bill Harley und sein 20-jähriger Freund Arthur Davidson 1903 mit der Entwicklung ihres eigenen Motorrads begannen, werkelten die beiden in einem kleinen Holzschuppen, den sie auf dem Grundstück des Davidson-Elternhauses in der 38. Straße, Ecke Highland Avenue, errichtet hatten. Auf die Brettertür pinselten sie »Harley-Davidson Motor Co.«. Nach Feierabend und an den Wochenenden fertigten sie drei Motorräder. Schon 1904 verdoppelten sie die Grundfläche ihres Schuppens und produzierten immerhin sechs Motorräder. Heute befindet sich auf dem Grundstück die Zentrale der Biermarke Miller Coors.

Im Jahr 1905 zog die kleine Firma in die 27. Straße, Ecke Chestnut Street in ein zweigeschossiges Holzgebäude mit 200 Quadratmetern Grundfläche. Der erste Vollzeitmitarbeiter wurde eingestellt. Weil im darauffolgenden Jahr der Platz schon wieder nicht ausreichte, errichteten die Jungunternehmer eine neue Fabrik an der Chestnut Street, die später in Juneau Avenue umgetauft wurde. Die Verkäufe explodierten förmlich. 1909 fertigten 35 Angestellte 1149 Motorräder, 1917 waren es schon 18.522 Bikes. Schon bald wurden neue, bis zu sechs Stockwerke hohe Backsteingebäude errichtet.

Ein Teil der Produktion wurde 1948 in ein ehemaliges Propellerwerk am Capitol Drive im Vorort Wauwatosa ausgelagert. Doch die Endmontage erfolgte weiterhin in der Juneau Avenue. Bis 1973 entstanden hier Electra Glides und Sportster, insgesamt mehr als eine Million Motorräder. Heute beherbergt die Fabrik Arbeitsplätze für 950 Angestellte – in Verwaltung, Marketing und anderen Bereichen. Außerdem sind hier das Museum und das Archiv der Marke untergebracht. Doch die vielen Besucher, Touristen und Markenfans reisen vor allem an diesen Ort, weil er Geschichte atmet.

__ In dieser winzigen Holzhütte im Garten der Davidson-Familie begann 1903 der steile Aufstieg der Marke Harley-Davidson. Bereits 1905 zog die Company in ein zweigeschossiges Gebäude mit immerhin 200 Quadratmetern.

HARLEY
DAVIDSON
MOTOR
CO.

60 Produktion in York, Wauwatosa und Co.

Zweigwerke in den USA

Bereits 1943 wurde es eng in Milwaukee. Daher eröffnete die Motor Company in Wauwatosa, einer Nachbarstadt im Westen von Milwaukee, ein zweites Harley-Davidson Werk. Ursprünglich sollten hier Propeller für Boeing-B-29-Superfortress-Flugzeuge entstehen, schon bald begann jedoch die Produktion von Motorradteilen, etwa Motoren für die Sportster-Baureihe.

Die Harley-Davidson Geschäftsführung erwarb 1962 zudem die Aktienmehrheit an der Tomahawk Boat Manufacturing Company in Tomahawk, Wisconsin. Bislang waren hier, 350 Kilometer nördlich des Stammwerks, neben Fiberglasbooten auch die Kunststoffkoffer für die FL-Modelle laminiert worden. Ab 1963 begann die Fertigung von Motorradteilen in den Hallen der ehemaligen Bootsfabrik.

Als American Machine and Foundry Company (AMF) das Sagen bei Harley-Davidson hatte, wurden nicht nur die alten Produktionsstätten in Milwaukee modernisiert und großenteils in Büros umgewandelt, sondern auch der Bau einer neuen Fabrik in York, Pennsylvania vorangetrieben. 1973 startete die Endmontage der Motorräder im neuen Werk in York. Vor allem Touring-Bikes, Softail und Trikes entstanden in York, jährlich mehr als 60 Prozent der gesamten Motorradfertigung. 1992 konnte darüber hinaus eine hochmoderne Lackierstraße angefahren werden. Die restliche Produktion verblieb in Milwaukee, Wauwatosa und Tomahawk. 1996 eröffnete in Franklin, Wisconsin das neue Parts and Accessories Distribution Centre, im Jahr darauf wurden das Motoren- und Getriebewerk in Menomonee Falls und die Sportster-Produktionsstätte in Kansas City, Missouri eingeweiht.

Die Endmontage der meisten Harley-Davidson Modelle findet in York, Pennsylvania statt, die Motorenfertigung in Menomonee Falls.

Die meisten Harley-Davidson Werke befinden sich in den USA. Sie sind über das gesamte Land verteilt und tragen entscheidend zum Mythos der Marke bei. Im Stammhaus in Milwaukee werden noch immer die wichtigen Entscheidungen getroffen. Hier tagt das Management, hier sitzen Marketing- und Entwicklungsabteilungen. Und nicht ohne Grund befindet sich direkt nebenan das sehenswerte H-D Museum.

61 Japan – Italien – Indien

Internationale Verbindungen

Über 6000 Mitarbeiter sind heute weltweit für Harley-Davidson tätig. Und auch, wenn es sich bei der Marke um ein amerikanisches Kulturgut handelt, begannen bereits früh enge Kooperationen mit dem Ausland. Schon 1912 beschlossen die Inhaber der Company, ihre Produkte nach Europa und nach Japan zu exportieren. In Großbritannien eröffnete die erste europäische Niederlassung, der Aufbau eines internationalen Importeurs- und Händlernetzes begann.

Die erste Fabrik außerhalb der USA wurde 1935 in Shinagawa in Japan eröffnet. Wegen der Währungsschwankungen in der Weltwirtschaftskrise startete in Japan eine eigenständige Lizenzfertigung der 750er- und 1200er-Flathead-Modelle. Kurz vor Ausbruch des Zweiten Weltkriegs jagte die japanische Militärregierung die Harley-Manager aus dem Land und baute die V2-Motorräder fortan unter dem Namen Rikuo ohne Lizenzvereinbarung weiter. Erst 1959 schloss das Rikuo-Werk seine Tore endgültig. Als Harley-Davidson dann in den 1960er Jahren 50 Prozent der Anteile des Unternehmens Aermacchi erwarb und damit die Aermacchi Harley-Davidson S.A. entstand, verfügte die Marke über eine Produktionsstätte in Italien. Alle kleinen Modelle von 50 bis 350 ccm wurden bis zum Verkauf des Aermacchi-Werks 1978 in Venegono Superiore bei Varese gefertigt.

Heute hat sich Harley-Davidson konsequent international aufgestellt. Harley-Davidson Motorräder entstehen nicht nur in York, Pennsylvania und in Kansas City, Missouri, sondern auch in den Werken in Manaus, Brasilien sowie im 2011 neu errichteten Werk in Haryana, Indien. Während in Brasilien seit 1999 diverse Modelle für den südamerikanischen Markt produziert werden, übernimmt die indische Bawal Assembly Plant die Fertigung der Modelle für den asiatischen Markt und das Werk in Adeleide die Montage der Motorräder für Australien. Zudem exportiert die Produktionsstätte in Indien seit 2014 die Modelle Street 500 und Street 750 in die ganze Welt. Die meisten Harley-Davidson Motorräder für Asien und Europa stammen neuerdings aus der Produktionsstätte in Rayong, Thailand.

In den 1960er Jahren kamen die kleinen Harley-Modelle aus Varese in Italien. Heute werden diverse Modelle für Europa und Asien in Thailand und Indien gefertigt.

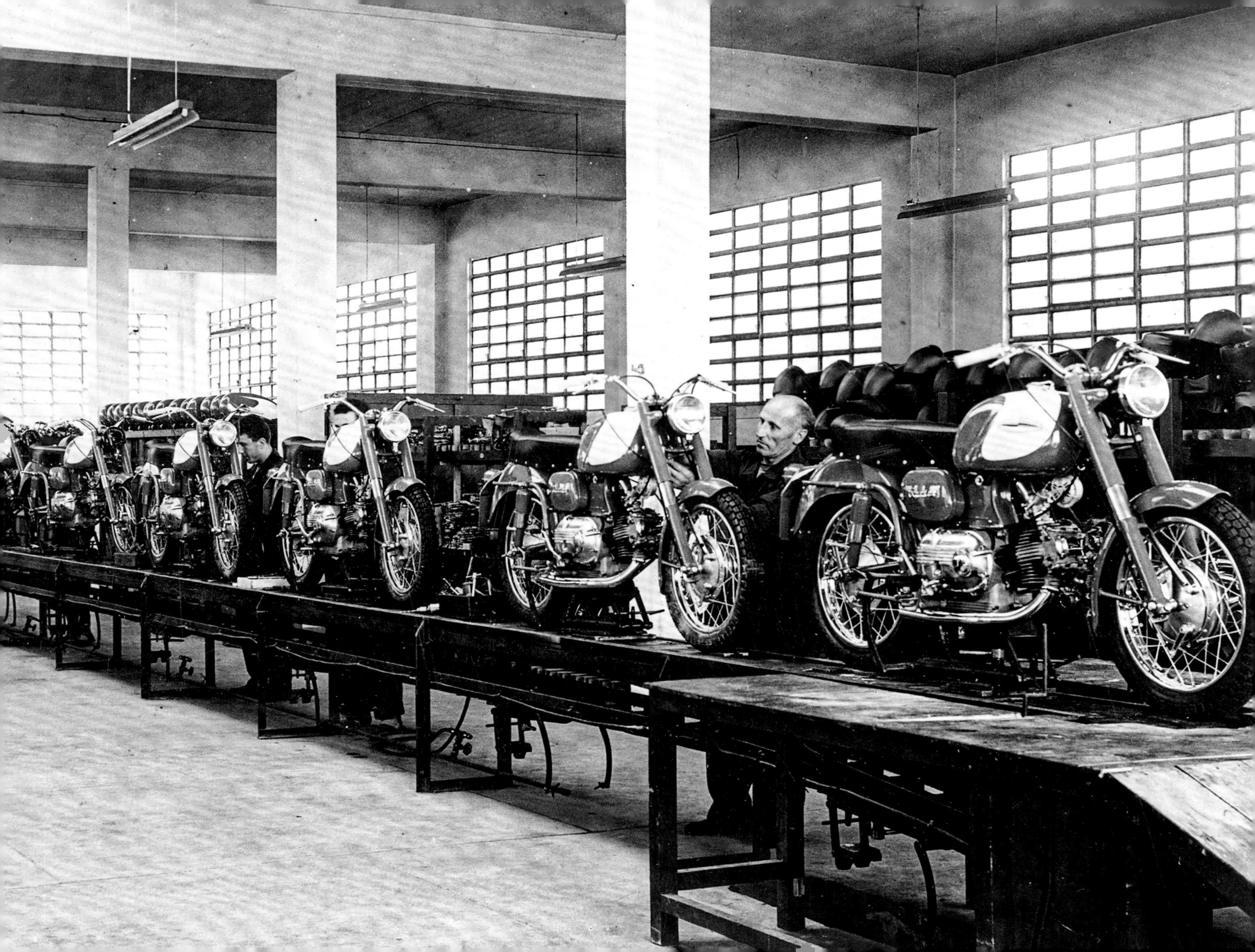

HARLEY-
DAVIDSON

So schmucke Motorräder wie dieser Seitenventiler entstanden in den 1920er Jahren in der im Hintergrund zu sehenden Fabrik in Milwaukee.

Wer Harley-Davidson ausschließlich mit 45°-V2-Motoren in Verbindung bringt, der tut der Innovationsfreudigkeit der Marke unrecht. Ungewöhnliche Prototypen, Studien und Kleinserienmodelle belegen den Willen, auch neue Wege zu gehen.

PROTOTYPEN

KILOMETRES
0
10
20
30
40
50
60
70
80
90
100
110
120
130
MADE IN U.S.A.
CORBIN
CORBIN SCREW CORPORATION
GAS

62 Modell 1 von 1903

Die erste Harley-Davidson

Im Jahr 1901 stand der Individualverkehr vor der Tür. Noch waren in den USA lediglich 4000 motorbetriebene Fahrzeuge registriert. Aber mehr als drei Millionen Fahrradfahrer gierten nach einem Fahrzeug mit Verbrennungsmotor, der ihnen die Arbeit bei der Bewältigung weiterer Strecken abnehmen würde. Der technische Zeichner Bill Harley und der Modellschreiner Arthur Davidson träumten davon, ein solches Gefährt auf zwei Rädern zu entwickeln. Also begannen sie in ihrer Hinterhof-Bretterbude mit der Arbeit. Sie ließen sich vom französischen De-Dion-Bouton-Motor inspirieren, einem der ersten kompakten Otto-Motoren. Sie gossen Rohlinge, feilten und bohrten, bis im Laufe des Jahres 1901 der 175-ccm-Einzylinder-Viertaktmotor zum ersten Mal knatterte.

Harley und Davidson fertigten drei Stück der selbst gebauten Motoren und setzten sie in verstärkte Fahrradrahmen. Die filigranen Fahrgestelle ächzten unter dem vibrierenden Motor, aber die beiden hatten es geschafft und die ersten Meter mit einem selbst gebauten Motor absolviert. Schnell realisierten sie, dass ein funktionstüchtiges Motorrad aus mehr als einem Fahrrad und einem schwächlichen Aggregat bestehen musste. Unter Mithilfe von Bruder Walter Davidson entwickelten sie eine verbesserte Version ihres Motors mit etwa 400 ccm Hubraum und rund 3 PS. Diesmal bauten sie jedoch nicht nur den Motor, sondern entwarfen ein komplettes Fahrzeug – mit stabilem Schleifenrahmen und 28-Zoll-Reifen.

Über ein Gestänge konnte das Gas reguliert werden, ein Lederriemen übertrug die Kraft des Motors direkt und ohne Getriebe an das Hinterrad. Mit der Leistung des 400-ccm-Schnüffelventil-Motors zeigten sich die Erbauer nun zufrieden. Auch das Fahrwerk war Tempo und Vibrationen gewachsen. Drei Exemplare dieses 84 Kilogramm leichten Vorserienfahrzeugs entstanden, bis sich die Erbauer 1904 entschlossen, eine abermals optimierte Variante in Kleinserie zu fertigen. Der Motor erfuhr gegenüber dem Vorserienmodell eine Hubraumvergrößerung auf 440 ccm. Der Kaufpreis betrug 200 US-Dollar, so konnten bis 1905 46 Stück der ersten Serien-Harley-Davidson verkauft werden.

Nach ersten Gehversuchen mit einem selbst konstruierten Motor entstand 1903 ein komplettes Motorrad – die erste Harley-Davidson.

HARLEY-
DAVIDSON
HD

63_ Armeemotorrad XA

Die deutscheste aller Harleys

Nachdem die USA im Dezember 1941 in den Zweiten Weltkrieg eingetreten waren, kam bei der US Army der dringende Wunsch nach neuen, modernen Militärmotorrädern auf. Zwar war man mit der bisherigen Armeemaschine, der Harley-Davidson WLA mit 750-ccm-Seitenventil-V2, im Großen und Ganzen zufrieden. Jedoch zeigten sich die US-Streitkräfte von den mobilen Einheiten der deutschen Wehrmacht mit ihren »überschweren Krädern« von BMW und Zündapp beeindruckt. Ausgestattet mit Boxermotor, Kardanantrieb und angetriebenem Seitenwagen erwiesen sich die robusten Motorräder im Einsatz als nahezu unzerstörbar und höchst geländegängig. Die WLA wirkte im Vergleich geradezu antik.

So ein modernes Gefährt müsse man auch haben, beschlossen die Behörden in Washington, und beauftragten Harley-Davidson (und übrigens auch den Konkurrenten Indian) mit der Entwicklung von Maschinen nach deutschem Vorbild. Die Armee sicherte die Abnahme von zunächst je 1000 Stück zu. Nun war es für Harley-Davidson aber nicht so einfach, eine BMW R 75 oder eine Zündapp KS 750 als Kopiervorlage aufzutreiben. Also musste notgedrungen eine BMW R 12 aus den 1930er Jahren als Blaupause herhalten.

Die Ingenieure in Milwaukee begannen mit einer Eigeninterpretation des deutschen Tourenmotorrads. Der Doppelschleifenrahmen wurde um eine Geradewegfederung für das Hinterrad ergänzt, sämtliche Schraubverbindungen erhielten zöllige Maße. Der 750-ccm-Boxermotor mit seitlichen Ventilen und für Harley-Davidson untypischer Nasssumpfschmierung ähnelte stark dem R-12-Aggregat und leistete 23 PS bei 4600 U/min. In Kombination mit dem wartungsarmen Kardanantrieb zum Hinterrad galt diese Bauart als typisch »deutsche Schule«. Sämtliche Anbauteile wie Benzintank oder Springergabel entsprachen dagegen den damals üblichen US-Baumustern. 1942 konnte mit der Auslieferung der 1000 Exemplare der XA getauften Maschine begonnen werden. Jedoch kam diese deutscheste aller Harleys nie über das Erprobungsstadium hinaus und wurde nicht auf den Schlachtfeldern in Europa verheizt.

__ In Anlehnung an die robusten BMW-Kräder aus Deutschland entstand ab 1941 die XA mit 750-ccm-Boxermotor.

AFS
MONEY
LE MOTO IN DIVISA
MOSTRA SCAMBIO
HARLEY DAVIDSON
750 XA
1942

64 X 1000

MV Agusta-Style aus Milwaukee

Bevor von der Geschäftsleitung von Harley-Davidson beschlossen wird, ob dieses oder jenes Motorradmodell in Serie gefertigt oder eine bestimmte Richtung bei der Modellpolitik gefahren wird, fertigt die Entwicklungsabteilung regelmäßig Prototypen. Diese dienen der Form- und Entscheidungsfindung, gelegentlich auch der Erprobung eines angedachten Konzepts. Manchmal sind diese streng geheimen Denkmodelle der Urknall für eine faszinierende Modellreihe, manchmal verschwinden sie aber auch sang- und klanglos in der Versenkung.

Bereits in den 1920er Jahren entstand zum Beispiel ein mächtiger V-Vierzylinder-Prototyp, der aus Kostengründen nie in Serie ging. 1937 begann die Entwicklung eines sportlichen V2-Motorrads mit 750 ccm und ohv-Zylinderköpfen. Auch diese Idee scheiterte an den zu erwartenden Kosten, man beließ es bei den großen ohv-Typen, den Knucklehead-Modellen. Einzylinder-ohv-Motor mit 500 ccm, K-Modell-Motor mit oben liegenden Nockenwellen: Es existierte kaum ein Konzept, das in Milwaukee nicht zur Diskussion stand – und oft auch getestet wurde.

Einen interessanten Ansatz verfolgte Harley-Davidson bei einem 1966 entstandenen Prototyp mit Namen X 1000. Als leistungsstarker Tourensportler verfügte er über einen quer eingebauten Vierzylinder-Reihenmotor mit 1000 ccm, Nasssumpfschmierung und zwei oben liegenden Nockenwellen. Damit erinnerte der Ideenträger an italienischen Motorenbau und lehnte sich eng an die Rennmotorräder von MV Agusta an, die von einem sehr ähnlichen Vierzylindermotor überaus erfolgreich angetrieben wurden. Harley-typisch war die X 1000 allerdings nicht. Traditionell veranlagte Harley-Fahrer zeigten sich verschreckt von den ersten PR-Fotos. Diese Erkenntnis und die kurze Zeit später angekündigte Honda CB 750 mit Vierzylindermotor führten dazu, dass die X 1000 nicht über das Prototypenstadium hinauskam. Es blieb bei einem nicht fahrfähigen 1:1-Modell aus Clay und Sperrholz und einigen schönen Erinnerungen an eine Harley, die die Japaner hätte schlagen können.

Der X-1000-Prototyp aus dem Jahr 1966 vereinte italienisch anmutende Renntechnik mit amerikanischem Fahrwerksbau und schlanker Touring-Optik. Er wurde von der Geschäftsleitung abgelehnt.

HARLEY-DAVIDSON

65_ Project Nova

Der ausgefallenste Entwurf

Im Laufe der Jahrzehnte wurden in der Entwicklungsabteilung von Harley-Davidson nicht nur traditionelle V2-Maschinen projektiert, sondern immer wieder auch visionäre Zukunftspläne geschmiedet. Das wohl kühnste Motorrad, das bis kurz vor die Serienreife gebracht wurde, hörte auf den Namen »Project Nova«. Wesentliches Konstruktionsmerkmal der ab 1976 geplanten Produktfamilie waren völlig neu entwickelte V-Motoren. Bei der Planung der flüssigkeitsgekühlten Doppelnockenmotoren mit 60°-Zylinderwinkel beteiligte sich von vornherein das Porsche Entwicklungszentrum in Weissach. Der kurzhubige Motor war geplant als 500-ccm-V2, 1000-ccm-V4 und 1500-ccm-V6. Identische Bohrungs- und Hubabmessungen bei allen Versionen ermöglichten die Verwendung vieler gemeinsamer Komponenten, etwa Kolben, Pleuel oder Ventile. Für das Spitzenmodell peilten die Techniker eine Leistung von etwa 135 PS an. Auch ein späterer Einsatz von Vierventilköpfen wurde von Beginn an einkalkuliert.

Während die Motoren bei Porsche entstanden, kümmerte sich Harley-Davidson um das Fahrwerk, das Design und alle anderen Aspekte der Produktentwicklung. Für viele Details realisierten die Harley-Techniker radikale Lösungen – etwa beim unter der Sitzbank montierten Benzintank oder beim flach über dem Motor angeordneten Wasserkühler. Ein elektrischer Ventilator sollte den Kühler mit ausreichend Luft versorgen, auch wenn das Motorrad stand. Der Motor wiederum hing als tragendes Teil in einem Rahmen aus Pressstahl. Eine rahmenfeste Vollverkleidung, aerodynamische Satteltaschen mit integrierten Blinkern sowie eine flache Top-Box waren für die Tourenmodelle der Baureihe vorgesehen.

Obwohl bis 1980 fast 15 Millionen US-Dollar in die Markteinführung der Nova-Modelle investiert und rund 30 funktionsfähige Motoren und ein Dutzend Prototypen-Motorräder fertiggestellt und ausgiebig getestet worden waren, wurde der Entschluss gefasst, die Nova nicht zu bauen. Selbst aus heutiger Sicht ist nicht klar, ob damit eine Chance vertan oder eine richtige Entscheidung gefällt wurde – zugunsten der Evolution-Motoren.

»Project Nova« nannte sich eine mutige Konzeptstudie. Ihr flüssigkeitsgekühlter V4-Motor wurde bei Porsche in Deutschland entwickelt.

Harley-Davidson

Nicht alle Motorräder der Motor Company verfügen über das klassische Layout mit V2-Motor und wuchtigem Auftritt. Und nicht alle dieser Sonderlinge erreichten das Serienstadium.

Mit dem Servi Car hatte Harley-Davidson ein ungemein praktisches wie preiswertes Fahrzeug für gewerbliche Aufgaben im Angebot. Das Dreirad hielt sich von 1932 bis 1973 im Programm der Motor Company.

SKURRILES

SODA
DRUGS · SODA
BOCK'S
PRESCRIPTIONS
BOCK'S
MOTHER'S DAY
Candy
KLEENEX
25¢ to $3
ORANGEADE
5¢
FILMS
"ALL SIZES"
Use instead of
HANDKERCHIEFS
KLEENEX
for
Constipation
EX-LAX
The safe
chocolated
Laxative
"Keep Regular"
with
EX-LAX
BOCK'S
3 STORES
HARLEY-DAVIDSON

66__ W Sport Twin

Mittelklasse-Sportler ganz ohne V-Twin

Harley-Davidson: Vor dem geistigen Auge entstehen Bilder von vibrierenden, luftgekühlten V-Twins mit 45°-Zylinderwinkel und übergroßem Hubraum. Als weitere Motorbauart der US-Marke sind darüber hinaus bestenfalls die Einzylinder-Erstlingswerke und die Verirrungen der Aermacchi-Zeit in Erinnerung geblieben. Doch in der weit über 100-jährigen Geschichte von Harley-Davidson sind noch viele andere Motorkonfigurationen konstruiert und einige davon auch tatsächlich vermarktet worden.

So entwickelte Harley-Davidson kurz nach dem Ersten Weltkrieg sein erstes Zweizylinder-Sportmodell mit Boxermotor. Den Boxer hatten die Ingenieure – nach Vorbild der schnellen Douglas-Motorräder aus England – in Längsrichtung mit quer laufender Kurbelwelle eingebaut. Aus 584 ccm schöpfte der Seitenventiler 6 PS, was eine Höchstgeschwindigkeit von 80 km/h ermöglichte. Was heute eher gemütlich klingt, wurde ab 1919 als Sportmotorrad angepriesen. Mit einem niedrigen Gesamtgewicht von nur 120 Kilogramm, guter Straßenlage und ruhig laufendem Motor galt die Sport Twin als durchaus dynamisch.

Viele Details der ungewöhnlichen Neuheit wiesen weit in die Zukunft des Motorradbaus. Der Motor hing selbsttragend im Rohrrahmen, das außen liegende Schwungrad ermöglichte ein stabiles Kurbelgehäuse, und die gekapselte Antriebskette war bestens vor Staub und Schmutz geschützt. Ab 1920 gesellte sich zum Modell WF mit Magnetzündung zusätzlich die WJ mit elektrischer Anlage. Die Sport Twin galt von Beginn an als ausgereift und erlangte auch bei Langstreckenrennen und Zuverlässigkeitsfahrten einen guten Ruf.

Bereits Mitte der 1920er Jahre zeigte sich jedoch, dass die Amerikaner nun einmal auf V-Twins standen und der Boxermotor wohl für immer ein Außenseiter bleiben würde. Die Verkäufe des eigentlich hochwertigen und intelligent konstruierten Motorrads blieben weit hinter den Erwartungen zurück, 1923 wurde die Produktion eingestellt. Der Längsboxer sollte nur eine kurze Episode in der Geschichte der Marke Harley-Davidson bleiben.

__ In den Anfangstagen war Harley-Davidson nicht automatisch auf V2-Motoren festgelegt. Der W Sport Twin von 1919 etwa verfügte über einen Boxermotor mit quer laufender Kurbelwelle.

#3030

67 Servi Car

Das erste Serien-Trike der Motor Company

Dumpf grollend nähert sich der Mechaniker auf seinem merkwürdigen dreirädrigen Fahrzeug dem kleinen Einfamilienhaus in einer amerikanischen Vorstadt. »Precision Auto Repair« steht in großen, geschwungenen Lettern auf der Transportbox des Dreirads. Der Mann im blauen Arbeitshemd parkt sein Vehikel, dessen vordere Hälfte wie ein Motorrad, die hintere wie ein Kleinlaster aussieht, unmittelbar hinter einem großen schwarzen Chrysler. Die Limousine soll eine große Inspektion erhalten und umgehend abgeholt werden. Also verbindet der Garagist das Dreirad über einen klappbaren Rohrbügel, die Tow Bar, mit der hinteren Stoßstange der Limousine. Er setzt sich ans Auto-Steuer und zieht sein Gefährt wie einen Anhänger zurück zur Werkstatt. So hat es sich in den 1950er und 1960er Jahren tausendfach in den USA abgespielt. Und diese kleine Geschichte erklärt in wenigen Worten, warum das Servi Car getaufte Fahrzeug zum veritablen Verkaufserfolg für Harley-Davidson wurde.

Bei der Präsentation des Servi Car im November 1931 hatten seine Entwickler neben Autowerkstätten auch andere Kunden im Visier. Paketdienste, Handwerksbetriebe und die Polizei begeisterten sich schnell für das praktische Trike, das mit einer Transportbox mit stattlichem Stauvolumen punktete. Technisch basierte das Servi Car zunächst auf der D-Serie mit ihrem robusten 750-ccm-Seitenventil-V2. Das Getriebe verfügte über drei Vorwärtsgänge und einen Rückwärtsgang. Über eine Kette wurde die Kraft der 18 PS an die hintere Starrachse weitergeleitet.

1937 frischte die Company das Design und die Technik ihres Nutzfahrzeugs auf. Selbst als 1953 die WL-Serie als Organspender auslief, wurde das Servi Car wacker weiterproduziert und kontinuierlich verbessert. So erhielt es 1958 eine Telegabel, 1964 einen E-Starter samt 12-Volt-Elektrik und 1967 einen Kastenaufbau aus Fiberglas statt schwerem Stahlblech. Erst 1973 endete die Produktion des Fahrzeugs, das sich als das beständigste Harley-Modell aller Zeiten erwiesen hatte, nach beachtlichen 41 Jahren Produktionszeit.

Die dreirädrigen Servi Cars wurden gern von Autowerkstätten angeschafft, um damit die Autos ihrer Kunden abzuholen.

SERVICE
CHRYSLER
CHRYSLER
ALL WEATHER

68_ Hummer

Lightweight Motorcycles als Kriegsbeute

Wer hätte gedacht, dass die stolze amerikanische Marke Harley-Davidson die kleinen Zweitakter der deutschen Marke DKW kopiert und ab 1947 daraus eigene Motorräder entwickelt hat? Genau so hat es sich unmittelbar nach dem Zweiten Weltkrieg ereignet, als die Company ihre auf große Tourenmaschinen beschränkte Modellpalette nach unten erweitern wollte.

Da die USA zu den Siegermächten des Zweiten Weltkriegs zählten und die Patente deutscher Ingenieurskunst als Kriegsbeute galten, konnten die Entwickler in Milwaukee das zu jener Zeit beste Kleinmotorrad, die DKW RT 125, bedenkenlos kopieren. Schließlich bedienten sich auch andere am deutschen Know-how: BSA in England, WSK in Polen, Komet in Russland oder Yamaha in Japan. Kein Wunder also, dass die DKW RT 125 als das meistkopierte Motorrad der Welt gilt.

Die amerikanischen Techniker versahen die kaum modifizierte 125er-DKW mit einem Peanut-Tank sowie ein paar US-typischen Anbauteilen – und fertig war das neue Lightweight Motorcycle. Als erstes Modell erschien die simpel gestrickte S 125. Sie leistete gerade einmal 3 PS, verzichtete auf eine Hinterradfederung, vorne genügte eine Trapezgabel mit Gummibändern. »Costs less to buy. Costs less to own« warb Harley-Davidson für das preisgünstige Leichtgewicht um neue Kunden. Schon bald wurde die kleine 125er in »Hummer« umgetauft, Anfang der 1950er Jahre folgte die ST 165 »Super Ten« mit 165 ccm und immerhin 6 PS. Ab 1951 ersetzte eine Telegabel mit Namen »Teleglide« die altmodische Trapezgabel.

Die ab 375 US-Dollar erhältlichen kleinen Harleys verkauften sich auf dem nordamerikanischen Markt erstaunlich gut, so blieben sie bis 1960 im Verkaufsprogramm. Während das Vorbild von DKW aus Ingolstadt eine Hinterradfederung besaß und bis 1957 angeboten wurde, lief die ostdeutsche IFA/MZ RT 125 im VEB Motorradwerk Zschopau noch bis 1965 vom Band und diente als Vorlage für die kommende MZ-Generation.

__ Die 125er-DKW galt Mitte der 1940er Jahre als das beste Kleinmotorrad. Kein Wunder, dass Harley-Davidson das Konzept für seine S 125 übernahm.

HARLEY
DAVIDSON

69__Topper

Scooter statt Big Twin

Wer an die Marke Harley-Davidson denkt, vor dessen Augen kreuzen luxuriöse Dickschiffe, stolze Herrenfahrer und chrombehangene Chopper auf und ab, der hört bollernde V2-Motoren. Ganz gewiss denkt man nicht an einen Roller. Und dennoch gab es im Portfolio der Company – neben den traditionellen Big Bikes – auch einen waschechten Scooter. Und zwar fünf Jahre lang, von 1960 bis 1965.

Unter dem Eindruck von Vespa, Lambretta und den in den USA erfolgreichen Cushman-Scootern wollte man auch in Milwaukee neue Märkte erschließen. Also entwickelten die Ingenieure eine eigene Interpretation des Roller-Themas mit Namen »Topper«. Das Modell A (später dann AU und AH) verfügte über eine Karosserie aus Stahlblech, 12-Zoll-Bereifung, einen luftgekühlten 165-ccm-Motor mit je nach Modell 5 bis 9 PS und eine stufenlose »Scootaway Drive«-Riemenautomatik. Der liegend eingebaute, luftgekühlte Zweitakter, der aus dem Kleinmotorrad »Hummer« stammte, konnte per Seilzugstarter von Hand zum Leben erweckt werden. Wer einen Rasenmäher starten kann, kann auch Topper fahren, so lautete die Werbebotschaft der Company.

Doch der kantig-pummelige Topper schrammte haarscharf an den Bedürfnissen des Marktes der sechziger Jahre vorbei. Im Vergleich zur Konkurrenz aus Italien war er zu hausbacken gestylt, gegen die Kleinmotorräder der Japaner zu teuer. Der Motor musste ohne Gebläsekühlung auskommen, wodurch es ihm unter seiner Verschalung manchmal etwas zu heiß wurde. Außerdem passte ein Scooter kaum zur Philosophie der stolzen US-Marke.

Obwohl sich Harley-Davidson große Mühe gab, den Roller als ideales Nutzfahrzeug anzupreisen, und ihn ab Werk mit Zweifarblackierung und gleich zwei verschiedenen Beiwagen anbot (darunter auch ein praktischer »Utility Box«-Lastenseitenwagen), ließen sich nur rund 7000 Stück verkaufen. Der Topper sollte der einzige Scooter bleiben, der jemals von Harley-Davidson gebaut wurde.

__ Kaum zu glauben, aber die Motor Company hatte auch einen Scooter im Programm. Der Topper von 1960 wurde von einem 165-ccm-Zweitakter angetrieben.

70__Aermacchi Harley-Davidson

Kleinvieh aus Italien

»Meine Harley wurde in York, Pennsylvania gefertigt«, erzählt stolz der Fahrer einer 2017er-Softail. Ein Sportster-Besitzer kontert mit dem Montagewerk in Kansas City, Missouri. Und der Fahrer einer Street Rod weiß kleinlaut zu berichten, dass seine 750er nicht in den USA, sondern in Haryana, Indien zusammengeschraubt wurde. Doch kann eine Harley auch aus Italien, dem Land von Moto Guzzi und Ducati, stammen? Was zunächst unmöglich scheint, war in den 1960er und 1970er Jahren des vergangenen Jahrhunderts Realität.

Motorräder etablierten sich in den USA zunehmend als Freizeitgeräte für eine junge, sportliche Generation, und die japanischen Hersteller mit ihren kleinvolumigen Bikes trafen offensichtlich den Nerv dieser kaufkräftigen Kundschaft. Also beschloss die Geschäftsführung von Harley-Davidson im Jahre 1960, sich beim italienischen Motorradhersteller Aermacchi mit zunächst 50 Prozent einzukaufen. Denn die Traditionsmarke aus Varese fertigte seit geraumer Zeit spritzige Viertaktmotorräder mit liegendem Einzylinder und maximal 250 ccm. 1961 kam die erste Aermacchi als Harley-Davidson Sprint 250 auf den US-Markt. Anders als die schlanken Italo-Varianten erhielten die US-Modelle Candy-Lackierungen, Tropfentanks und Hochlenker. Auf Basis der Straßenversion folgten ein Scrambler, eine Sportvariante und sogar reine Wettbewerbsmaschinen, etwa die Sprint SS oder die R (für Racing). Ab 1966 kamen alle Motorräder unterhalb der Sportster aus Italien.

1969 erweiterten die italienischen Ingenieure den Hubraum der Sprint auf 350 ccm. Dennoch tat sie sich schwer, gegen die günstigeren Bikes von Honda, Yamaha, Suzuki und Kawasaki zu konkurrieren. So endete die Produktion der Viertakter 1974. Doch die Produktionsstätte in Italien bot auch die Chance, preisgünstige Zweitaktmodelle über den großen Teich zu holen. Funbikes, vor allem für den Offroad-Einsatz, waren in den USA schwer angesagt. Vom Erfolg der japanischen Hersteller getrieben, entwickelte Harley-Davidson eine komplette Palette von Kleinmotorrädern. Dazu zählten das Minibike X 90, die M 50 und M 65 Leggero, SR 100 Baja, 125 SS, 250 SX und viele mehr. 1978 trennte sich die Company von Aermacchi und verkaufte Werk und Rechte an Cagiva. Damit endete die Produktion der kleinen Zweitakt-Harleys.

Wer in den 1970er Jahren ein Vollanbieter sein wollte, der musste auch eine kleine Zweitakt-Enduro im Modellprogramm haben. Die Harley-Davidson SX 125 wurde in Italien gefertigt.

AMF Harley-Davidson

71__Golf Cart

Mit der Harley übers Green

Kaum jemand weiß, dass Harley-Davidson nicht nur großvolumige Motorräder fertigt, sondern im Laufe der Geschichte auch einige abenteuerliche Wege beschritten hat. So entstanden bei der Company zwischen 1963 und 1982 zum Beispiel auch Golf Carts. Bei einem Golfmobil handelt es sich um ein kleines, meist zweisitziges Fahrzeug mit Elektro- oder Benzinmotor, das den schnellen Transport der Spieler über den Golfplatz ermöglicht.

Das erste Golf Cart, das 1963 die eigens eingerichteten Fertigungsanlagen in Milwaukee verließ, war ein dreirädriges Modell mit luftgekühltem 245-ccm-Zweitaktmotor. Die elegante Fiberglaskarosserie entstand im Harley-Zweigwerk in Tomahawk. 1970 wurde das Programm um eine vierrädrige Version ergänzt, die ebenfalls über einen kleinen Einzylinder-Zweitakter mit integriertem Elektrostarter verfügte. Ein interessantes technisches Detail war die Option, den Motor andersherum zu starten und somit die Drehrichtung zu ändern, um rückwärtsfahren zu können. Als Alternative erschien schon bald eine Version mit Elektromotor – sowohl mit drei als auch mit vier Rädern. Insbesondere die Dreirad-Version verkaufte sich prächtig und bewährte sich in den 1960er und 1970er Jahren auf vielen Golfplätzen der USA. Zeitweise entfielen fast 20 Prozent der Gesamtproduktion der Company auf die erfolgreichen Nischenprodukte.

Als 1969 die American Machine and Foundry Company (AMF) das Zepter bei Harley-Davidson übernahm, blieben die Golfmobile in Produktion. Erst 1982 übernahm Columbia Par Car, einer der größten Hersteller von elektrischen oder benzinbetriebenen Golf Carts, die Fertigung. Mit kleineren Modellpflegemaßnahmen, etwa einer Getrenntschmierung ab 1984, blieben die Carts bei Columbia Par Car weiterhin im Programm. Heute gelten die Golf Carts von Harley-Davidson als echte Raritäten, die von Sammlern gehortet werden.

__ Von 1963 bis 1982 fertigte die Motor Company auch Golf Carts – mit drei oder vier Rädern, Zweitakt- oder Elektromotor und immer mit Fiberglaskarosserie.

72 Snow Mobile

Y-398 und Y-440: Schneeflitzer für den Snow Belt

In manchen Regionen, insbesondere im frostreichen »Snow Belt« rund um die Großen Seen im Nordosten und mittleren Westen der Vereinigten Staaten, gab es einen großen Bedarf an Schneemobilen. Entstanden die ersten motorisierten Schlitten zu Beginn des 20. Jahrhunderts noch als handgefertigte Einzelstücke, so entwickelte sich schon bald eine industrielle, serienmäßige Fertigung von Schneemobilen. Auch Harley-Davidson, in den 1960er Jahren auf der Suche nach neuen Märkten, wollte ein Stück dieses Kuchens abbekommen und bot seinen Kunden ein eigenes Snow Mobile an.

Doch die Geschichte verlief ein wenig komplizierter. Die American Machine and Foundry Company (AMF) hatte 1963 eine interne Studie in Auftrag gegeben, um zu ermitteln, wie ein schneetaugliches Fahrzeug auszusehen hatte. Bereits 1966 wurden die Erkenntnisse umgesetzt, mit dem AMF-Modell 5820 »Sno-Clipper« mit 15 PS ILO-Motor und dem Modell 5810 Ski-Daddler »Power Sled« mit 10 PS ILO-Motor erschienen die ersten Snow Mobiles des großen Unternehmens für Freizeitgeräte. Nach der Übernahme von Harley-Davidson durch AMF im Jahr 1969 beschlossen die Manager, die Schneemobile mit H-D-Aermacchi-Motoren auszustatten und unter dem Namen Harley-Davidson statt des ursprünglichen AMF Ski-Daddler zu vermarkten. Die Fertigung der Schneemobile wurde zunächst ins H-D-Werk York, Pennsylvania verlegt und später in Oak Creek, Missouri weitergeführt.

Ab 1971 entstand der neu gestaltete Schneeflitzer in zwei Ausführungen, in der Version Y-398 mit 398-ccm-Zweitaktmotor und als Y-440 mit 440er-Motor mit rund 30 PS. Raupenantrieb, Automatikgetriebe und Skihalter zählten zum Serienumfang, auf Wunsch waren ein Elektrostarter, Tacho, Drehzahlmesser, eine Rückenlehne und sogar ein Zigarettenanzünder erhältlich. Auch ein schlittenartiger Anhänger mit Namen »Snow Trailer« befand sich im Angebot der Company. 1975, nach acht Jahren, endete die Produktion der Schneemobile, ohne einen bleibenden Eindruck hinterlassen zu haben. Von nun an wollte sich Harley-Davidson wieder vollends auf das konzentrieren, was die Marke ausmacht: die Fertigung einzigartiger Motorräder!

Auch Schneemobile zählten zum Programm von Harley-Davidson. Das 1971er-Modell wurde mit 398 ccm oder 440 ccm angeboten, jeweils mit Automatikgetriebe.

Harley-Davidson.
AMF
Harley-Davidson

73 XLCR Cafe Racer

Das US-Bike für europäische Sportfahrer

Es scheint, als habe die uramerikanische Marke Harley-Davidson nichts als die Vorlieben der US-Biker im Sinn. Doch in seltenen Augenblicken wirft die Company einen Blick über den großen Teich.

Traditionell stehen US-amerikanische Motorradfahrer auf schwere Tourenbikes mit hohen Lenkern und bequemer Sitzposition. Schließlich sind die Highways schnurgerade und die Entfernungen zwischen Nashville und Kansas City oder Albuquerque und Rapid City gigantisch groß. Im alten Europa hingegen ist es eng, und die Straßen winden sich durch Mittelgebirge und Alpenvorland. Folglich wird dort mit dynamischem Material angetreten. Leicht, spritzig und mit flachem Lenker ausgestattet.

Für typisch europäische Sportfahrer hatte Harley-Davidson Mitte der 1970er Jahre jedoch kein Motorrad im Angebot. Zu bleiern waren die FLHs, zu verspielt die Sportster. Um die Europäer bedienen zu können, blickten die Harley-Designer unter Willie G. Davidson über den Tellerrand und wagten sich an ein mutiges Experiment. Sie verwandelten die bekannte XLS Sportster in einen schlanken, flachen Cafe Racer. Ohne den gusseisernen Sportster-Motor mit 1000 ccm und den Doppelschleifenrahmen anzutasten, veränderten sie den Charakter der XLCR in Richtung Dynamik. Die ausschließlich in Schwarz lieferbare Maschine überraschte mit einer knapp geschnittenen Halbschalenverkleidung, modischen Gussrädern und einer Doppelscheibenbremse im Vorderrad.

Dass europäische (und erwartungsgemäß auch amerikanische) Biker dennoch keinen rechten Gefallen an der XLCR Cafe Racer fanden, lag vermutlich an ihrem inkonsequenten Layout. Optik und Sitzposition waren sportlich, der drehfaule Motor und das spartanische Fahrwerk jedoch zu sehr dem US-Geschmack verhaftet. So blieb die schwarze Schönheit ein seltener Anblick, was sie heute zu einer gesuchten Rarität macht.

Cafe Racer nannte sich die sportliche Variante der XLS Sportster. Mit flachem Lenker, Halbschalenverkleidung und Doppelscheibenbremse wandte sie sich vor allem an europäische Motorradfahrer.

1000
AMF

74 Elektrofahrräder

E-Bikes aus Milwaukee

Bei Harley-Davidson steht das Jahr 2020 für eine gewaltige Elektro-Offensive. Neben dem Elektromotorrad LiveWire präsentieren die Motorradbauer eine umfangreiche Palette an Harley-Pedelecs. Richtig verstanden. Für die neuesten Harleys wird weder ein Führerschein benötigt, noch kann wie gewohnt am Gasgriff gedreht werden, um flott voranzukommen. Bei den Fahrrädern mit Elektromotor muss in die Pedale getreten werden, um zusätzliche Motorkraft zu aktivieren. Mit Tretunterstützung sollen die Zweiräder bis zu 25 km/h erreichen.

Die elektrifizierten Fahrräder werden per Mittelmotor am Tretlager angetrieben, der kompakte Akku sitzt im Rahmen. Wo bei den meisten Fahrrädern eine Kette für die Kraftübertragung sorgt, ist bei den Elektrofahrrädern von Harley-Davidson ein Riemenantrieb zu sehen. Neben den E-Bikes für Erwachsene, die sich speziell für den Einsatz im urbanen Raum anbieten, hat Harley-Davidson auch Pedelecs für Kinder, ein elektrisches Dirt Bike sowie einen batteriebetriebenen Scooter vorgestellt. Damit stellt sich die Company in Zukunft breit auf und besetzt das neue Segment »Elektromobilität« entschlossen und konsequent.

Einigen konservativen Harley-Treibern, die mit der Marke vor allem vibrierende, luftgekühlte V2-Motoren assoziieren, steckt der Schock noch in den Gliedern. Doch vom Traditionsimage allein wird Harley-Davidson in Zukunft nicht existieren können. Der Plan, sich mit der Hilfe von Elektromobilität neu zu erfinden, könnte daher aufgehen. Und die gute alte Harley-Davidson, den über Jahrzehnte weiterentwickelten 45°-V2-Motor und das unnachahmliche Lebensgefühl rund um die US-amerikanische Ikone, die wird es auch weiterhin geben. Dann allerdings flankiert von hochmodernen E-Bikes. So what?

Ab 2019 bekennt sich Harley-Davidson zur Elektromobilität und präsentiert unter anderem diverse elektrifizierte Fahrräder.

HARLEY-DAVIDSON
1903
MOTORRAD
BIKE
HARLEY-DAVIDSON

HARLEY-
DAVIDSON

Die Motor Company hat immer wieder ungewöhnliche Kreationen auf die Räder gestellt – etwa die Harley-Davidson MT500 mit Rotax-Einzylindermotor aus den achtziger Jahren. Das Militärmotorrad wurde bei Armstrong-CCM in Großbritannien gefertigt.

Im Laufe der über 110-jährigen Geschichte von Harley-Davidson gab es viele Ereignisse, Wendepunkte und Rückschläge. Mit Weitsicht und Mut konnte sich die Marke all die Jahre behaupten.

EREIGNISSE

HARLEY-
DAVIDSON
1909

75__Outlaw Motorcycle Gangs

Von der Protestbewegung zum Retter der Marke

Viele US-Veteranen, die im Zweiten Weltkrieg gekämpft hatten, konnten sich nach ihrer Heimkehr nicht mehr in ihr ziviles Leben integrieren. Zu sehr klafften der militärische Alltag und das spießige Bürgertum in den USA der Nachkriegszeit auseinander. Sie sehnten sich nach Kameradschaft, nach dem Zusammenhalt einer Gruppe. Und sie wollten Motorrad fahren. So gründeten ehemalige Mitglieder der US Air Force Biker Clubs wie die »Pissed Off Bastards of Bloomington«, es entstanden Clubs wie der »Outlaws MC«, die »Boozefighters« und die »Hells Angels«.

Weil diese Randgruppen durch einen rebellischen, freiheitsliebenden Lebensstil auffielen, galten Motorradfahrer bald als wild und unangepasst. Anfangs fuhren Mitglieder der meisten Clubs noch englische Bikes. Doch es gab auch Gruppen, die ausschließlich Motorräder von Harley-Davidson bevorzugten – sei es aus patriotischen Gründen oder weil ausgediente Polizei-Harleys zu besonders günstigen Konditionen ersteigert werden konnten. Als die Company dann die schnelle Sportster auf den Markt brachte, wurden die V-Twins aus Milwaukee immer beliebter in der Szene, zumal sie sich perfekt für Bobber- oder Chopper-Umbauten eigneten.

Harley-Davidson selbst wollte mit den wilden Jungs zunächst nicht in Verbindung gebracht werden. Das Management sah eher betuchte, gesetzte Herrschaften als Kunden der luxuriösen Tourenbikes. Doch in den folgenden Jahrzehnten breitete sich der Biker-Kult immer weiter aus. Keine Frage: Von den Bikern, den Rockern, den Outlaws ging eine ungemeine Faszination aus. Die Clubs gründeten Ableger in Kanada und Europa. Hippies und Vietnamveteranen, ebenfalls Außenseiter der Gesellschaft, machten aus der ehemals kleinen Randgruppe ein gewaltiges Phänomen, an dem auch Harley-Davidson nicht mehr vorbeikam. Unter der Feder des genialen Designers Willie G. Davidson entstanden Anfang der 1970er Jahre die ersten Motorräder, die bereits ab Werk dem Geschmack der Rocker entsprachen. Und wer weiß schon, ob Harley-Davidson diese schweren Zeiten ohne die Outlaw Gangs und die Faszination, die von ihnen ausging, überlebt hätte.

Die Faszination für Outlaw Gangs hält bis heute an. Stil und Attitüde der Harley-Szene orientieren sich an den Rockern.

HARLEY DAVIDSON
HARLEY DAVIDSON

76 Easy Rider

Der Film, der alles veränderte

Bikerfilme waren populär in den USA der 1960er Jahre. »The Wild Angels« von 1966, »Hells Angels on Wheels« (im Deutschen »Die wilden Schläger von San Francisco«), »The Born Losers« oder »The Hellcats« von 1967, in all diesen billig produzierten B-Movies ging es um rohe Gewalt und vordergründige Action, angezettelt von tumben Motorradfahrern.

Der 1969 erschienene Film »Easy Rider« verfolgte eine völlig andere Intention. Angelegt als Roadmovie, in dem sich zwei Freunde auf der Suche nach ihrer persönlichen Freiheit befinden, beschrieb »Easy Rider« bildgewaltig das amerikanische Lebensgefühl jener Zeit. Ohne unnötig viele Worte zu verlieren, hielt der Film der amerikanischen Gesellschaft einen Spiegel vor. »The Land of the Free« bot nur für jene Freiheiten, die ein angepasstes und konservatives Leben führten. Hippies, Biker und »Langhaarige« stießen durch ihren unkonventionellen Stil abseits der damals vorherrschenden Lebensentwürfe recht schnell an Grenzen.

Die beiden Hauptfiguren Wyatt und Billy, gespielt von Peter Fonda und Dennis Hopper (die übrigens auch als Drehbuchautoren agierten), entsprachen in den Augen der Landbevölkerung kaum dem gängigen Bild von aufrechten Amerikanern. Sie trugen zottelige Haare, benahmen sich flapsig und fuhren mit ihren umgebauten Harley-Davidson Panhead-Choppern höchst provokative Fahrzeuge. Schon bald wurden sie von der Polizei verhaftet, später verprügelt und am Ende ohne Gnade von aggressiven Rednecks erschossen.

Peter Fondas Filmbike »Captain America« hat die Motorradwelt aufgewühlt. Nachdem »Easy Rider« in den Kinos gezeigt wurde, schwappte der große Chopper-Boom bis nach Europa.

»Easy Rider« wurde zu einem Kassenschlager in den Kinos – auch bei uns in Europa. Und mehr noch. Der Film sprach den Jugendlichen jener Zeit, geprägt von 68er-Bewegung, Hippiebewegung und Halbstarken, offenbar aus der Seele. Erst nach »Easy Rider« kam der Chopper-Boom richtig ins Rollen. Und dank des neuen Lebensgefühls änderte auch Harley-Davidson seine Marketing-Taktik. Statt vor allem Statussymbole für brave Bürger zu verkaufen, entwickelte man in Milwaukee künftig freche Bikes für die neue Generation, etwa die Super Glide von 1971.

77__Management Buyout

Rückkauf von den eigenen Leuten

Noch 1973 hatte Harley-Davidson in den USA einen Marktanteil von 77,5 Prozent bei den Motorrädern über 750 ccm. Bis 1980 war dieser auf magere 30 Prozent zusammengeschrumpft. Mit technischen Innovationen, neuen Modellen oder dem Engagement im Flat-Track-Sport versuchte AMF (American Machine and Foundry Company) als Eigner der Marke gegenzusteuern. Aber AMF war nicht in erster Linie ein Motorrad-Unternehmen. Es kam zu folgenschweren Fehlentscheidungen. Händler, Kunden und die Belegschaft waren verärgert.

So fielen Anfang der 1980er Jahre die Gewinne bedrohlich niedrig aus. Die Umsatzsteigerung blieb weit hinter dem Wachstum des boomenden Motorradmarkts zurück. AMF verlor zusehends das Interesse an Harley-Davidson und beschloss, sich von der traditionsreichen Marke zu trennen. Vaughn Beals als neuer Harley-Davidson Chef wurde damit beauftragt, das Unternehmen zu verkaufen. In monatelangen Konferenzen mit AMF-Chef Merlin Nelson handelte er einen wegweisenden Deal aus. Statt die Marke an Investoren zu verschleudern, organisierte er einen klassischen Buyout. Bei einer Sitzung Anfang 1981 in Stamford, Connecticut eröffnete Beals 13 ausgesuchten Harley-Managern die Möglichkeit, die Firma in eigener Regie zu übernehmen. Als Kaufpreis wurden 80 Millionen US-Dollar festgelegt.

Die alte, geldverschlingende Fabrik retten zu wollen, war ein kaum kalkulierbares Wagnis. Daher erwies sich die Kapitalzusage der Citicorp Industrial Bank als wichtige Entscheidungshilfe. Der Deal kam zustande, Harley-Davidson wurde wieder von den »eigenen« Leuten geleitet. Hoch motiviert und hoch verschuldet gingen die neuen Besitzer an die Arbeit. Neben Beals als Architekten des Rückkaufs fand sich mit Designer Willie G. Davidson auch ein Mitglied der Davidson-Familie unter den neuen Geschäftsführern. Sofort wurde damit begonnen, bestehende Modelle zu modernisieren, die Entwicklung des Evolution-Motors voranzutreiben, Sparmaßnahmen einzuleiten und das Verhältnis zu den Vertragshändlern zu intensivieren. Eines der wichtigsten Probleme, die es zu lösen galt, war die Verbesserung der Qualität. Die Anstrengungen fruchteten: Von nun an sollte es wieder aufwärtsgehen mit Harley-Davidson.

__ 1981 kauften engagierte Manager und Mitglieder der Gründerfamilien die Company vom Mischkonzern AMF zurück. Von nun an sollte es bergauf gehen.

MOTOR
HARLEY-DAVIDSON
CYCLES

78__Going Public

Frisches Geld dank Börsengang

Die Übernahme von Harley-Davidson durch die eigenen Leute Anfang der 1980er Jahre brachte viel Schwung nach Milwaukee. Die Produktqualität verbesserte sich, die Verkäufe stiegen, doch über den Berg war der hoch verschuldete Patient Harley-Davidson noch nicht. Die Lösung lag auf der Hand: Die Motor Company musste in eine Aktiengesellschaft umgewandelt werden. Zwar würde damit der Einfluss der Firmenlenker sinken, doch frisches Geld würde ungeahnte Spielräume für Investitionen eröffnen.

Erstmals gelistet bei der New York Stock Exchange wurde Harley-Davidson im Sommer 1987. Als PR-Gag hatten sich die Marketingstrategen eine Motorrad-Parade durch New York City mit dem Ziel Wall Street ausgedacht, eine von der Presse viel beachtete Aktion. So etwas hatte es in der Geschichte der New Yorker Börse noch nicht gegeben. Höhepunkt der patriotisch gestimmten Zeremonie war der Empfang der Harley-Manager durch den Präsidenten der NYSE auf den Stufen des Börsengebäudes.

Kurz nach dem Börsengang erklärte das Management, dass Harley-Davidson nun keine staatlichen Hilfen – etwa höhere Zolltarife für Importmotorräder – mehr benötigte. Und tatsächlich liefen die Verkäufe in den folgenden Jahren sehr gut, die Bilanzen hellten sich auf. Das durch die Aktienverkäufe erwirtschaftete Geld wurde für die Modernisierung der Arbeitsprozesse und für die Entwicklung neuer Modelle verwendet. Die neuen Aktien gewannen schnell an Wert, und das Vertrauen der Anleger festigte sich.

Zehn Jahre später, Mitte der 1990er Jahre, war Harley-Davidson zu einem effizient wirtschaftenden, international erfolgreichen Unternehmen herangewachsen. Die Motorradverkäufe stiegen kontinuierlich an, der Börsengang hatte sich langfristig ausgezahlt.

__ Werbewirksam mit der FXR in der New York Stock Exchange: 1987 wurde Harley-Davidson zur Aktiengesellschaft.

PRM CALL
NVO CALL
HARLEY-DAVIDSON

79__Buell American Motorcycles

Different in Every Sense

Kompromisse? Kostenkontrolle? Nichts für Erik Buell. Der leidenschaftliche Perfektionist aus Pennsylvania wollte für seine Motorräder immer nur das Beste. Modernste Fahrwerkstechnik, die kräftigsten Triebwerke, perfekte Massenzentralisierung. Viele verehrten ihn für seine Visionen, andere warfen ihm fehlende Flexibilität vor. Die Geschäftsführung von Harley-Davidson verzweifelte schlicht an seiner Starrköpfigkeit.

Angefangen hatte alles mit einem Job als Rennmechaniker. Mit 27 Jahren machte er sich mit »Pittsburgh Performance Products« selbstständig und vertrieb Racing-Zubehör. Gleichzeitig beendete er 1979 erfolgreich die Ingenieurschule. Mit dem Bachelor in der Tasche startete Erik bei Harley-Davidson als Test Engineer. Seine Rennerfahrung erwies sich als äußerst hilfreich bei der Entwicklung neuer Fahrwerke. Doch Cruiser lasteten ihn nicht aus: In seiner Freizeit kaufte er die Produktionsanlagen der englischen Rennmotorradmarke Barton. 1983 kündigte er seinen Job und konstruierte Sportfahrwerke für Harley-Davidson Twins. Die RR1000 Battletwin wurde in der »Buell Motorcycle Company« in Kleinserie gefertigt. 1993 übernahm Harley-Davidson 49 Prozent der Buell-Aktien. Folglich zog das nun auf Wachstum programmierte Unternehmen in ein neues Werk in East Troy um, Modelle wie S1 Lightning und S2 Thunderbolt entstanden. 1998 hielt Harley-Davidson die Aktienmehrheit bei Buell, über 5000 Bikes verließen die moderne Fertigungsstätte.

Mit den XB9- und XB12-Modellen, die über ein extremes Layout verfügten, setzte sich Erik endgültig ein Denkmal. Der Öltank in der Hinterradschwinge, die ZTL-Bremse und ein Alurahmen mit integriertem Benzintank waren imposante Beispiele für seine unkonventionelle Denkweise. Allerdings sehnte sich Erik nach mehr Leistung. Er wandte sich an BRP-Rotax in Österreich, die ihm ein komplett neues V2-Triebwerk konstruierten. 1125 ccm, zwei oben liegende Nockenwellen und Wasserkühlung waren gut für stramme 148 PS. Damit war die Buell 1125R ab 2008 auf dem Race Track vorne dabei. Doch den Markenfans gefiel weder die eigenwillige Optik noch die wenig alltagstaugliche Auslegung. Die Verkäufe kamen nicht in Schwung. Ende 2009 zog Harley-Davidson die Reißleine und beschloss, Buell American Motorcycles ersatzlos einzustampfen. Vielleicht hätte der ein oder andere Kompromiss diese faszinierende Marke am Leben gehalten.

__ Erik Buell in der von ihm gegründeten Motorradfabrik in East Troy: 1998 übernahm Harley-Davidson die Kontrolle über den US-Sportmotorrad-hersteller Buell.

Buell
Buell
DANGER

Die Geschichte von Harley-Davidson ist voller Höhen und Tiefen. Sicher kann der »Blue Comet Motorcycle Club« aus Pennsylvania seine eigene Story erzählen.

BLUE COMET
MOTOR CYCLE CLUB
LANSDALE, PA.

Behörden in aller Welt schworen und schwören auf die Motorräder von Harley-Davidson. Auch bei der Parade zum Ende des Zweiten Weltkriegs 1945 waren die WLA 750 der US-Armee ein wichtiger Bestandteil.

MILITÄR UND POLIZEI

DEMONSTRATION
Sponsored

80_ United States Army

Harley-Davidson im Ersten Weltkrieg

Bereits vor dem Ersten Weltkrieg waren sich die Entscheider bei Harley-Davidson einig, dass eine moderne Kriegsführung nach motorisierten Zweirädern verlangen würde. Rechtzeitig und noch vor Eintritt der Vereinigten Staaten in den Krieg im Jahr 1917 hatte sich die Company daher vorbereitet und Militärtypen entwickelt, die sich nur in Details und durch die olivgrüne Lackierung von den zivilen Modellen unterschieden.

So wurden die robusten V-Twins aus Milwaukee neben den Krädern von Hauptkonkurrent Indian zu den wichtigsten Armeemotorrädern. Obwohl die USA nur ein Jahr lang am Krieg beteiligt waren, orderten die Beschaffungsämter des US-Militärs insgesamt fast 27.000 Motorräder bei Harley-Davidson, nicht wenige davon mit passendem Seitenwagen. Indian steuerte 41.000 Motorräder bei, Excelsior rund 2600. 1917 verließ jedes dritte Bike das Harley-Davidson Werk als Militärmaschine, 1918 war es jedes zweite.

Fast 20.000 dieser Maschinen wurden nach Übersee verschifft und bei Militär-Camps, im Lazarett-Zubringerdienst, als Meldefahrzeuge oder als Munitionstransporter eingesetzt. Ihre überragende Zuverlässigkeit und die durch die Standardisierung aller technischen Details einfache Instandhaltung machten die Motorräder von Harley-Davidson bei den Streitkräften beliebt. Dank Dreiganggetriebe, Kettenantrieb und stabiler Vorderradgabel bewährten sich die 61-Kubikinch-Zweizylinder auch hervorragend im leichten Gelände.

Da es kaum Mechaniker gab, die mit der Wartung der Motorräder vertraut waren, eröffnete die Company die »Quartermasters School«, aus der später die Service School für zivile Harley-Mechaniker hervorging. Unmittelbar nach Kriegsende stellte Harley-Davidson die Produktion wieder auf Zivilfahrzeuge um. Die Farbe Olivgrün schmückte nun auch die Nachkriegsmotorräder, sie hielt sich als Zeugnis einer patriotischen Gesinnung noch bis in die frühen 1930er Jahre.

__ Meldefahrer Roy Holtz aus Chippewa Falls, Wisconsin im November 1918 auf einem Harley-Davidson Gespann im besiegten Deutschland.

M.D.S.

81 Gesetzeshüter

Harley-Davidson im Polizeieinsatz

Alles begann 1908 in Detroit. Los Angeles und San Francisco folgten schon 1911. Um ihre berittenen Polizisten und deren Pferde abzulösen, nahmen die City Police Departments Harley-Davidson Motorräder in Betrieb. Schnell stellte sich heraus, dass die robusten und schnellen Bikes ideal für die Jagd auf Verbrecher und Verkehrssünder waren. Schon bald setzten auch viele weitere County Police Departments auf motorisierte Zweiräder und erwarben Harleys für ihre Einheiten.

In Milwaukee war man auf das verstärkte Interesse der Behörden aufmerksam geworden. In einer eigenen Abteilung wurden ab den 1930er Jahren spezielle Police Bikes sowie Teile des Zubehörs und der Ausrüstung entwickelt. So verfügten viele Police Bikes schon bald über Feuerlöscher, Erste-Hilfe-Kasten und Sirene. Funkgeräte kamen ab Anfang der 1940er Jahre zum Einsatz.

Harley-Davidson versprach sich sehr viel davon, Polizei-Einheiten mit den eigenen Motorrädern auszustatten. Man war sich sicher, das positive Erscheinungsbild bei den Gesetzeshütern würde sich auf dem Privatmarkt in guten Verkäufen niederschlagen. Aus diesem Grund erhielten die Behörden ihre Police-Harley, etwa die VL-Modelle in den 1930er Jahren, zu besonders attraktiven Konditionen, die nur unwesentlich über dem Herstellungspreis lagen. Die Police-Special-Modelle von Harley-Davidson waren auch erfolgreich im Export. Behörden in Kanada, China, in den Niederlanden oder in Südafrika setzten ab 1930 auf V-Twins »made in the USA«.

Neben Harleys waren allerdings auch die Motorräder von Indian bei den Motor Officers beliebt. Doch nach dem Konkurs von Indian im Jahr 1953 blieb Harley-Davidson lange Zeit der einzige amerikanische Polizeimotorrad-Anbieter in den USA. Duo Glides waren die Standard-Bikes der Highway Patrol. Als ab 1965 mit dem Modell Electra Glide ein Elektrostarter angeboten wurde, konnten Flüchtige noch schneller gestellt werden. Mit der Einführung des FLT-Fahrwerks mit gummigelagertem Motor, das in den 1980er Jahren die Modelle Electra Glide und später Road King bereicherte, konnte auch die Straßenlage verbessert werden.

Stattliche Erscheinung: Drei US-Sheriffs in den 1930er Jahren auf ihrer Harley-Davidson Model V Police.

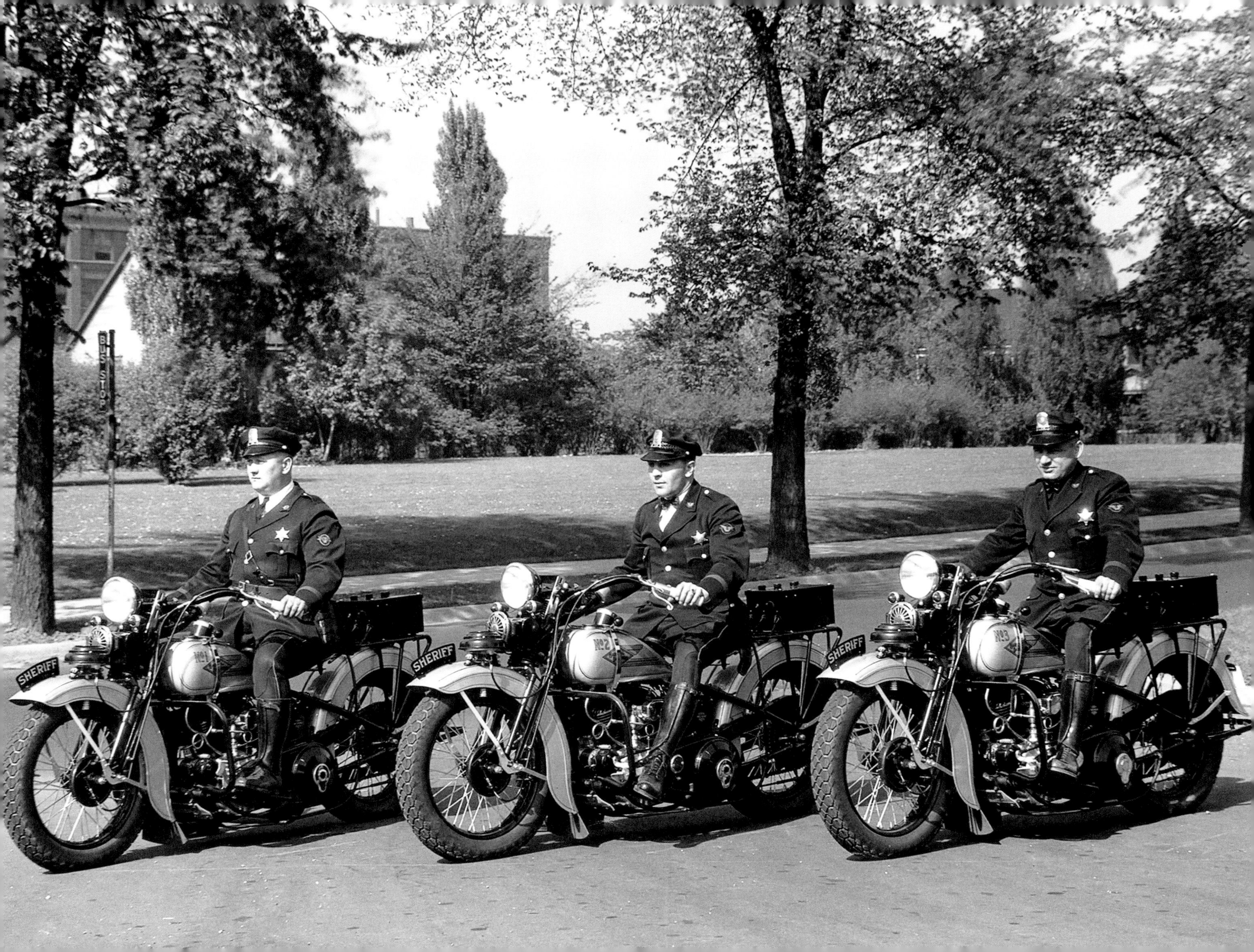
SHERIFF
No1
SHERIFF
No2
SHERIFF
No3

82 The Liberator

Universalwaffe im Zweiten Weltkrieg

1939 untersuchte die US Army unterschiedliche Motorradmodelle auf ihre Wehrtauglichkeit. Sowohl in eigenen Army-Trainingscamps als auch auf den Harley-Testgeländen in Fort Knox und Louisiana wurden Zuverlässigkeit, Transportkapazität und Geländetalente verschiedener Maschinen und Konfigurationen überprüft. Nach unerbittlichen Belastungsproben und immer neuen Ideen der Beschaffungsämter für die Ausrüstung kristallisierte sich die Harley-Davidson WLA als das perfekte Militärmotorrad heraus.

Die WLA basierte auf den bewährten 750er-Seitenventilern der W-Baureihe, wobei das A für »Army« stand. Im Unterschied zu den zivilen Geschwistern verfügte sie über Aluminiumzylinderdeckel, eine geringere Verdichtung, einen staubdichten Ölbad-Luftfilter und eine kürzere Gesamtübersetzung. Ausgestattet war sie mit einem stabilen Blechgepäckträger, Sturzbügeln, Motorschutz, Haltern für Gewehr und Munition sowie einem Windschild. Von dieser zweirädrigen Universalwaffe lieferte die Motor Company fast 90.000 Stück an die US-Armee, dazu 20.000 WLC (C für Canada) an das kanadische Militär und weitere spezielle Modelle, etwa WSR-Gespanne im Rahmen des Leihabkommens für die UdSSR. Zwischen 1941 und 1945 landeten viele dieser Motorräder in Europa, um an der Seite der Engländer, Franzosen und Russen gegen Nazi-Deutschland eingesetzt zu werden. Bekanntlich siegten die Alliierten am Ende, und die unermüdliche WLA hatte dazu einen wichtigen Beitrag geleistet – was ihr den Spitznamen »The Liberator« (der Befreier) einbrachte.

Während der Kriegsjahre war Harley-Davidson zu einem wichtigen Rüstungsbetrieb geworden. Aufgrund der hohen Auftragslage wurden 500 zusätzliche Arbeiter eingestellt, die in drei Schichten rund um die Uhr schufteten. Neben der WLA wurden in kleineren Stückzahlen auch UA- und E-Modelle mit 1200 bzw. 1000 ccm für militärische Zwecke produziert, dazu Zivilfahrzeuge in meist grauer Lackierung und Ersatzteile zur Instandhaltung der Militärmaschinen. Nach dem Krieg konnten allein aus den Ersatzteilen weitere 30.000 WLA aufgebaut werden, die bis Mitte der 1950er Jahre auf dem zivilen Markt landeten. Bis heute wurden von keinem Harley-Davidson Modell mehr Einheiten gefertigt als von der tapferen WLA.

»A« für Army: Die robuste Militärmaschine WLA zählte zwischen 1941 und 1945 zur Standardausrüstung der US-Armee.

83 California Highway Patrol

Getestet und für gut befunden

Viele Police Departments der USA orientierten sich in den 1950er und 1960er Jahren an den Entscheidungen der California Highway Patrol. Allein in der Polizei-Division von Los Angeles wurden rund 400 Motorräder eingesetzt. Daher leistete sich die LAPD eine eigene Fahrzeug-Testabteilung. Wenn das Los Angeles Police Department ein Motorrad für tauglich befand, dann hatte das eine große Strahlkraft auf andere Polizeidienststellen in allen US-Bundesstaaten.

Bei Indian gingen bereits 1953 die Lichter aus, und ein veraltetes Bundesgesetz verbot den Behörden zunächst den Einsatz von Motorrädern, die nicht in den USA gefertigt worden waren. Faktisch blieben damit nur die großen Harley-Davidsons als Polizeimotorräder übrig. In den Jahren nach dem Zweiten Weltkrieg waren daher sämtliche Polizeistellen auf Harley-Davidson abonniert. Ausgestattet mit Windschild, Trittbrettern, »schnellem« Ständer und Packtaschen erfreuten sich die Hydra Glides, Duo Glides und Electra Glides großer Beliebtheit bei den Police Officers. Als Harley-Davidson Ende der 1960er Jahre mit veralteten Waffen antreten musste, bewarb sich Moto Guzzi mit der Ambassador beim Polizei-Management von Los Angeles. Die zehn im Sommer 1969 georderten Guzzis traten als die ersten nicht amerikanischen Police Bikes ihren Dienst an. Sie ermöglichten Herstellern wie Kawasaki, BMW oder Honda, den Polizei-Markt in den USA zu erobern.

Auch wenn Harley-Davidson heute nicht mehr der einzige Teilnehmer der Behördenausschreibungen ist, vertrauen noch immer viele Dienststellen auf die Motorräder der Motor Company. Ab Werk sind Police Special Bikes für unterschiedliche Aufgaben im Angebot. Neben der XL 883 Iron für Einsätze in der Gemeinde stehen die Touring-Modelle Electra Glide und Road King in Polizeiausführung zur Verfügung. Ausgestattet mit besonders kräftigen Motoren, Ölkühler, Satteltaschen und Zusatzscheinwerfern erfüllen sie nun auch wieder die Anforderungen des LAPD. Nachdem bei der California Highway Patrol die letzte Harley-Davidson 1989 in Dienst gestellt wurde, befinden sich heute wieder 415 Electra Glides im Polizeidienst.

Auch die Cops der Milwaukee Police orientierten sich an den Testergebnissen des Los Angeles Police Department und stellten in den 1950er Jahren Panhead und Servi Car in Dienst.

Die FLHP (Mitte) ist vor allem in den Vereinigten Staaten ein beliebtes Polizeimotorrad. Mit leistungsgesteigertem Motor, Schnellverschlüssen an den Koffern und speziellem Behördenzubehör ist sie bestens für den Alltag der Highway Patrol gerüstet.

Harley-Davidson steht nicht nur für Motorräder – die Motor Company verlegt ein eigenes Magazin, betreibt eine Vereinigung von Harley-Fahrern, vertreibt eine Vielzahl von zertifizierten Zubehörteilen und vieles mehr.

BEIWERK

TRANSCONTINENTAL RECORD SMASHED
HARLEY-DAVIDSON
HARLEY HUMMER

Kaum ein anderer Motorradhersteller hatte bereits in den 1950er Jahren ein derart umfangreiches Zubehörprogramm wie Harley-Davidson.

84__ The Enthusiast

Das erste werkseitig publizierte Motorradmagazin der Welt

1913 veröffentlichte Harley-Davidson ein eigenes Magazin für die Vertragshändler. »The Harley Dealer« war ein sachlich gestaltetes Informationsblatt mit nur wenigen Seiten. Doch warum sollte man nicht auch eine Zeitschrift für Kunden und Freunde des Hauses erstellen, fragten sich die Manager in Milwaukee. So folgte drei Jahre später »The Harley-Davidson Enthusiast« und löste das Händlermagazin sukzessive ab. Mit dem »The Enthusiast« erschien damit der erste von einer Motorradmarke selbst publizierte Motorradtitel weltweit.

Harley-Davidson war nun in der Lage, die eigenen Produkte ins rechte Licht zu rücken. Regelmäßig wurden Artikel über Zubehör, Reisen, Sport und Clubleben abgedruckt. Es gab Geschichten über selbst fahrende Frauen, über den Anbau von Seitenwagen und über die Motorräder der Leser. Nur eines gab es nie: kritische Darstellungen und pessimistische Aussichten. Die übertrieben positive Darstellung der eigenen Verkaufs- und Rennerfolge war typisch und nicht weiter verwunderlich.

In den 1920er Jahren betrug die Auflage bereits 50.000 Hefte. Für Mittel- und Südamerika wurde zwischenzeitlich die spanische Ausgabe »Los Enthusiastas Latinos« produziert. Im Spätsommer eines jeden Jahres erschien eine Sonderausgabe, in der die Modelle für das kommende Jahr vorgestellt wurden. Die Redakteure behandelten in dem monatlich erscheinenden Sprachrohr zudem oftmals Sonderthemen. 1935 war zum Beispiel ein Special den Polizeieinheiten auf Harley-Motorrädern gewidmet, im April 1968 ging es um die Renneinsätze in Daytona, Anfang der 1970er Jahre drehten sich die Inhalte wiederkehrend um Snowmobile, die unter dem Label Harley-Davidson vermarktet wurden.

1977 wurde von monatlicher auf zweimonatliche Erscheinungsweise umgestellt, Anfang der 1980er Jahre erschien der »Enthusiast« nur noch dreimal im Jahr. 2009 führte die Motor Company »The Enthusiast« mit dem seit 1983 produzierten H.O.G.-Magazin »HOG Tales« zusammen und taufte die neue Zeitschrift »HOG Magazine«. Nach über 90 Jahren am Markt verschwand »The Enthusiast«.

___ »The Enthusiast« im Wandel der Zeit: Während die Erstausgabe von 1919 ein zeitgenössisches Gespann im Schnee zeigt, widmet sich das Magazin 1944 den Streitkräften im Krieg und 1988 der Neuvorstellung der Springer Softail.

No. 1
The Harley-Davidson
Enthusiast

HARLEY-DAVIDSON
Enthusiast
NOV. 1936
5 CENTS

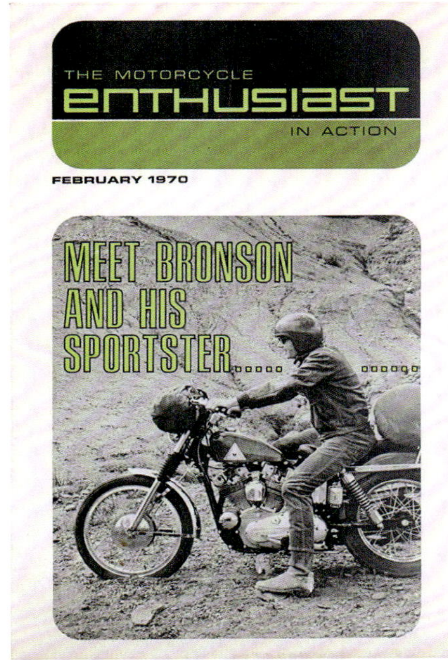
THE MOTORCYCLE
ENTHUSIAST
IN ACTION
FEBRUARY 1970
MEET BRONSON
AND HIS
SPORTSTER......

The Harley-Davidson
Enthusiast
November, 1929

. . . Somewhere in France
The Enthusiast
A MAGAZINE FOR MOTORCYCLISTS
SEPTEMBER
1944

Enthusiast
Since 1916
Summer, 1988
New! FXSTS Springer Softail!
Plus details on the
Milwaukee Ride for MDA.

85_ Accessories

Zubehör als zweites Standbein

Tassen, Feuerzeuge, Weihnachtsbaumschmuck und Teddybären. Aber auch Gürtelschnallen, Badetücher und Lederjacken. Ein echter Harley-Davidson Fan kann sich seine Gebrauchsgegenstände kaum ohne Markenlogo vorstellen. So prangen auf allen originalen Merchandise-Artikeln der Motor Company demonstrativ die berühmten »Bar and Shield«-Insignien.

Im Laufe der Jahre kristallisierte sich ein Lifestyle-Outfit heraus, das eine unmittelbare Zugehörigkeit zur Biker-Szene symbolisiert. Das Tragen eines bedruckten T-Shirts oder das Aufnähen eines H-D-Patches ist eine simple Geste, um seine Sympathie gegenüber der großen Harley-Familie zu demonstrieren. Hardcore-Fans verwenden darüber hinaus auch im Haushalt lizenzierte Markenartikel – Aschenbecher mit Adlerlogo, verchromte Rasierpinsel oder orange-schwarz lackierte Sparschweine.

Für Harley-Davidson ist der Verkauf von Fanartikeln, Bekleidung und Originalzubehör ein einträgliches Geschäft. Bereits seit Bestehen der Marke wird Originalzubehör angeboten. So verdient das Unternehmen sein Geld von Anfang an nicht nur mit Motorrädern, sondern auch mit Ledertaschen, Motoröl und Fahrerbekleidung. In den 1940er Jahren wanderte neben Touringzubehör auch opulenter Chromzierrat über die Ladentheken der Vertragshändler. Als Reaktion auf die Zubehör-Flut von freien »Aftermarket«-Firmen ging Harley-Davidson rigoros gegen dreiste Markenpiraterie vor und entwickelte bereits in den 1980er Jahren ein umfangreiches Sortiment an eigenen Teilen. Im Laufe der Jahre fanden mehr und mehr Alltagsgegenstände ihren Weg ins offizielle Verkaufsprogramm. Mittlerweile zählt der Verkauf von lizenzierten Accessoires zu den wichtigsten Einnahmequellen der Company.

___ In der Werbung von 1940 wird deutlich, wie wichtig bereits damals der Verkauf von Originalzubehör war.

Enjoy Motorcycling More

With

HARLEY-DAVIDSON ACCESSORIES

86 Harley Owners Group

Eine internationale Gemeinschaft

Harley-Davidson befand sich Anfang der 1980er Jahre in einer schwierigen Zeit. Die Verkäufe waren bestenfalls mittelmäßig, und die Schuldenlast des Management Buyouts drückte auf die Bilanzen. Dennoch zeigten sich die Geschäftsführer hoch motiviert und versuchten mit neuen Impulsen das Ruder herumzureißen. Eine dieser Ideen: die Gründung einer Vereinigung von Harley-Fahrern, durch die Marke und Kundschaft in familiärer Atmosphäre eng aneinander gebunden würden.

Während der Daytona Bike Week im März 1983 wurde die Harley Owners Group (H.O.G.) bei einer Party im Beach Hilton erstmals präsentiert. Der Name H.O.G. leitete sich von der Bezeichnung »Hog« (für Schwein) ab, mit der Harley-Davidson Motorräder in den USA umgangssprachlich beschrieben werden. Noch im gleichen Jahr folgten viele weitere von der Company gesponserte Veranstaltungen im Rahmen von Rallys und Rennen in den USA. 1989 hatte die H.O.G. bereits 90.000 Mitglieder – ausschließlich in den Vereinigten Staaten. Das Geheimnis der vielen aktiven H.O.G.-Member lag und liegt darin begründet, dass jeder Käufer einer neuen Harley-Davidson automatisch Mitglied der Gemeinschaft wird. Zunächst ist die Mitgliedschaft zeitlich auf ein Jahr begrenzt, eine Verlängerung sogar auf Lebenszeit ist jedoch problemlos möglich. Jeder Harley-Davidson Händler kann ein lokales H.O.G.-Chapter sponsern. Er wird dabei von der Company tatkräftig unterstützt. Das jeweilige Orts-Chapter empfängt Neulinge mit offenen Armen, veranstaltet Treffen, Ausfahrten und Charity-Aktionen. H.O.G.-Member erhalten zudem Rabatte bei Zubehör, Versicherungen und Reiseunternehmen. Bei den gemeinsamen Ausflügen treten die H.O.G.-Mitglieder als geschlossene Gruppe, als eine große Familie auf.

Seit 1983 existiert die »Harley Owners Group«, die Interessengemeinschaft der Harley-Davidson Fahrer.

Im Jahr 1991 wagte die Community den Schritt über den großen Teich. Bei Pressekonferenzen in Deutschland, Frankreich und England wurde die Einführung der H.O.G. Europe bekannt gegeben. Die Benchmark von 300.000 Mitgliedern konnte 1997 geknackt werden, 2018 waren rund um den Globus über 870.000 Harley-Fans in der H.O.G. organisiert. Weltweit haben sich mittlerweile rund 1300 H.O.G.-Chapter etabliert.

HOG
HARLEY OWNERS GROUP
HAMBURG CHAPTER GERMANY
HARLEY-DAVIDSON

87 Das dritte Rad

Seitenwagen-Gespanne als Nutzfahrzeuge und Luxusspielzeug

Viele Motorradfahrer wollten Mitte der 1910er Jahre nicht nur allein ihrem sportiven Hobby frönen, sondern mit der ganzen Familie auf Tour gehen. Außerdem entdeckten Handwerker und Händler die praktischen Seiten einer zuverlässigen und sparsamen Harley-Davidson. Ein angeschraubter Seitenwagen konnte die Lösung sein. Zwar war das Fahren auf den instabil schwankenden Gespannen eine echte Herausforderung, jedoch erlaubte ein angehängtes drittes Rad die bequeme Unterbringung eines Passagiers und den Transport sperriger Güter mit bis zu 300 Kilogramm Gewicht. Und wenn der Beiwagen nicht benötigt wurde, war er in Windeseile abgebaut. Nicht ohne Grund wurden Motorradgespanne mit Harley-Zugmaschinen immer beliebter.

Harley-Davidson hatte keine Kapazitäten, um eigenständig Seitenwagen zu fertigen. Daher wurden die meisten Aufträge zur Produktion von Beibooten außer Haus gegeben. Ab 1910 fertigte die Firma Rogers aus Chicago Seitenwagen für die Harley-Davidson Modelle. 1912 kamen Beiwagen von Seaman hinzu. Zwischen 1920 und 1956 erfreuten sich auch die rundlich geformten Seitenwagen der Firma Goulding großer Beliebtheit. Im Laufe der Jahre entstanden unzählige Varianten an Beibooten: sportlich offene Modelle, extrabreite Zweisitzer, Lastenaufbauten oder Luxusgondeln mit Türchen und vollwertigem Wetterschutz. Erst 1925 errichtete Harley-Davidson eine Fertigungshalle für den Bau eigener Seitenwagen. Harley-Davidson selbst entwickelte seine Beiboote kontinuierlich weiter. 1959 erschien das Modell LE, aus dem der RLE für FXR-Typen und der TLE für die großen Tourer entstanden. Die Fiberglaskarosserien wurden ab 1967 im Tomahawk-Werk gefertigt, das die Company erworben hatte.

Harley-Davidson Gespanne gibt es heute nicht nur ab Werk, sondern auch von diversen Spezialanbietern. So rüsten Walter, Sauer Sidecar, V-Triebwerk oder Mobec die US-Eisen mit allem aus, was ein Dreirad gut und teuer macht. Dazu zählen etwa auch aufwendige Fahrwerksumbauten der Basismaschine mit vorderer Schwinggabel und 15-Zoll-Rädern. Preiswert sind die großen Harley-Gespanne indes nicht. Eine gut ausgestattete Road King mit Sauer-Seitenwagen, wie auf dem Foto zu sehen, kostet mehr als ein Mittelklasseauto.

Wer kein Motorradgespann ab Werk möchte, der kann sich bei einem Spezialisten ein Unikat aufbauen lassen – wie diese Road King von Sauer Sidecars.

STORIES

Rund um die Marke mit dem »Bar and Shield«-Logo ranken sich unzählige Geschichten. Promis wie Clark Gable stehen ebenso auf Harley-Davidson wie Fernreisende und kreative Motorradbastler. So haben vor allem die Fahrer und Besitzer der Bikes viel zu erzählen.

88__ The King of Rock'n'Roll

Elvis Presley und seine Liebe zu Motorrädern

Elvis Presley war nicht nur ein begnadeter Musiker und Filmstar, der kultig verehrte Entertainer aus Milwaukee liebte darüber hinaus alles, was einen Motor besaß. Zeitlebens genoss er die Fahrt in ausgefallenen Autos. So besaß er etwa einen Ferrari Dino, ein BMW 507 Coupé, einen Mercedes-Benz 280 SEL, diverse Cadillac Eldorados und einen 1973er-Stutz-Blackhawk. Besonders Motorräder hatten es Elvis angetan. Bereits 1955, Elvis hatte gerade den Plattenvertrag bei Sun Records unterschrieben, erwarb er sein erstes Bike, eine kleine Harley-Davidson ST 165 mit Zweitaktmotor. Im Jahr darauf, Elvis war gerade 21 Jahre alt, folgte der erste V-Twin – eine Harley-Davidson KH, die er bei 50 US-Dollar monatlicher Abzahlung auf Kredit gekauft hatte.

Diese erste Harley war der Beginn einer großen Leidenschaft für die Motorräder aus Milwaukee. Elvis begann damit, viele Motorräder zu kaufen, wieder zu verkaufen, zu verschenken oder zu sammeln. Zwar fuhr er im Laufe seines Lebens auch Triumphs, Hondas oder Trikes mit VW-Motor, doch galt seine Vorliebe immer den großvolumigen Harleys, allen voran den FLH-Tourenmodellen. Um gemeinsam mit seinen Freunden Motorrad fahren zu können, hatte Elvis stets ein paar Motorräder oder Trikes in der Garage stehen, die er bei Bedarf verleihen konnte. Auch in einigen seiner Filme fuhr Elvis auf Harleys, etwa in »Viva Las Vegas« und »Roustabout« von 1964, »Clambake« von 1967 und »Stay Away Joe« von 1968. Am 16. August 1977 starb er im Alter von 42 Jahren.

Einige seiner Fahrzeuge können heute im Elvis-Museum gegenüber der Graceland-Villa in Memphis besichtigt werden. Elvis' 1956er-KH steht seit 2008 als Teil der permanenten Sammlung im Harley-Davidson Museum in Milwaukee. Im August 2019 versteigerte GW Auctions eine besondere Harley-Davidson Electra Glide Liberty 1200, das letzte Motorrad, das Elvis vor seinem Tod gekauft hatte. Die am 11. August 1976 von Elvis persönlich erworbene FLH brachte satte 800.000 US-Dollar ein und ist damit eines der teuersten Motorräder der Welt.

__ Zeit seines Lebens hatte Elvis Presley ein Faible für Motorräder. Besonders angetan hatten es ihm die V-Twins von Harley-Davidson – wie diese KH 750.

89_ America's Legendary Daredevil

Evel Knievel – der berühmteste Stuntfahrer aller Zeiten

Er war der Held einer ganzen Generation, ein amerikanischer Draufgänger, der bekannteste Stuntfahrer des Planeten. Unter seinem Künstlernamen Evel Knievel begeisterte Robert Craig Knievel, Jr. in den 1970er Jahren die Massen mit seinen spektakulären Motorradstunts.

1965 gründete er eine Stunttruppe, die »Evel Knievel's Motorcycle Daredevils«. Zum Repertoire der Gaukler zählten Wheelies oder Sprünge durch brennendes Sperrholz. Bereits 1966 startete er seine Solokarriere mit atemberaubenden Weitsprüngen auf dem Motorrad – etwa über die Brunnenanlage des Caesars Palace in Las Vegas, über 50 Autos in Los Angeles oder über 13 Doppeldeckerbusse im Londoner Wembley-Stadion. Knievel war dabei stets in einen weißen, mit Sternen übersäten Overall gekleidet. Doch der Stuntfahrer wurde nicht nur für seine gewagten Sprünge bekannt, sondern auch für seine katastrophalen Stürze. Evel Knievel hatte während seiner Laufbahn als Stuntfahrer 38 Unfälle, bei denen er oft mehrfache Knochenbrüche erlitt.

Zunächst bestritt Knievel seine Stunts auf Motorrädern der Marken Honda, Triumph oder American Eagle. Seinen ersten Sprung auf einer Harley machte er am 12. Dezember 1970 in Los Angeles. Von nun an sollten diverse Harley-Davidson XR 750 die Arbeitsgeräte des Weitspringers werden. Damit die Motorräder die enormen Belastungen überstehen konnten, engagierte Knievel den dreimaligen Daytona-200-Sieger Roger Reiman, der andere Stoßdämpfer verbaute, die Gabeln härter abstimmte und dickere Radspeichen verwendete. Wenn Evel Knievel mal wieder einen gelungenen Sprung ablieferte und nach mehr als 50 Metern in der Luft krachend auf den Boden aufschlug, trug er das Harley-Davidson Nr. 1-Logo voller Stolz.

Seit 1970 war die Harley-Davidson XR 750 das Arbeitsgerät von Evel Knievel, dem König der Stuntfahrer.

Evel Knievel beendete seine Karriere im Januar 1977 nach einem misslungenen Sprung über ein Haifischbecken, bei dem er sich schwer verletzte. Nach seinem Rücktritt betreute er seinen Sohn Robbie, der in die Fußstapfen seines Vaters getreten war und ebenfalls professioneller Stuntman wurde. Am 30. November 2007 starb Evel Knievel, der jahrzehntelang dem Tod getrotzt hatte, in Clearwater, Florida an Lungenversagen.

HARLEY-
DAVIDSON

90__ Super Vee

Eine Scheibe vom Chevy V8

Custombike-Builder finden heute nahezu paradiesische Zustände vor. Denn für den Aufbau eines individuellen Motorrads stehen viele unterschiedliche V2-Motoren von Aftermarket-Anbietern zur Verfügung. Anfang der 1980er Jahre war das ungleich komplizierter. Es waren kaum Einbaumotoren »aus der Kiste« erhältlich, und Harley-Davidson selbst belieferte Customizer nicht mit eigenen Triebwerken. Für Steve Iorio, den Inhaber der Firma Nostalgia Cycle, war das eine unhaltbare Situation. Er entwickelte ab 1983 einen V2-Motorradmotor für individuelle Umbauten auf Harley-Basis, der sofort verfügbar und darüber hinaus leistungsstärker als die Serienaggregate aus Milwaukee war. Dazu bediente er sich eines vermeintlich simplen Tricks: Sein Motor bestand im Wesentlichen aus Komponenten eines Chevrolet-350-Automotors. Im Grunde hatte Iorio die vordere Scheibe des V8 abgetrennt und daraus einen Zweizylinder gefertigt.

Was sich so einfach anhört, war in Wahrheit ein kühnes Unterfangen. Auch wenn Kolben, Pleuel oder Ventiltrieb vom Chevy-Motor übernommen werden konnten, so mussten Motorgehäuse oder Kurbel- und Nockenwelle eigens konstruiert werden. Außerdem musste der ursprünglich wassergekühlte Wagenmotor auf Fahrtwindkühlung umgebaut werden. Unbestreitbarer Vorteil der »Super Vee« getauften Konstruktion war die einfache und preiswerte Verfügbarkeit vieler Komponenten, da der 350er-Chevy-V8 in den USA weit verbreitet war.

1985 kam der Super Vee erstmals in den Handel. Wegen seines Zylinderwinkels von 90° und der daraus resultierenden Baulänge beanspruchte er viel Platz im Fahrgestell. Wer für die Adaption des Super Vee seinen Harley-Rahmen nicht zersägen wollte, der konnte bei Nostalgia Cycle komplette Rahmen – starr oder mit Hinterradschwinge – erwerben. Der Motor leistete etwa 90 PS und bot atemberaubende Fahrleistungen. Im Alltagsbetrieb erwiesen sich die Triebwerke jedoch – anders als ihre automobile Herkunft vermuten ließ – als defektanfällig. Mangelnde Ölversorgung und Undichtigkeiten verhalfen der Konstruktion zu einem zweifelhaften Ruf. So konnte Iorio nur etwa 100 Motoren pro Jahr verkaufen. 1998 endete die Produktion des ungewöhnlichen Motorradmotors. Ein breiter Erfolg, wie ihn sich sein Erbauer einst ausgemalt hatte, war dem Super Vee nicht vergönnt.

__ Aus Teilen eines Chevrolet-V8-Automotors entwickelte Nostalgia Cycle seinen Super-Vee-Motor für den Einbau in Harley-Davidson Fahrgestelle.

RACING

91 Einmal um den Globus

Durch alle Länder unserer Erde auf einer Harley-Davidson

Peter und Kay Forwood hatten einen verwegenen Plan. Die Australier waren fest entschlossen, mit ihrer Harley-Davidson Electra Glide Classic jedes einzelne der 193 von den Vereinten Nationen anerkannten Länder zu besuchen. Damit wäre die 1340er-Harley das erste und einzige Motorrad, nein, das erste Kraftfahrzeug überhaupt, das alle Staaten der Erde bereist hätte.

Doch beginnen wir ganz vorne: Am 3. Februar 1996 machten sich die beiden von Brisbane aus auf den Weg. Ihre Harley war gerade zwei Jahre zuvor vom Band gelaufen. Sie tourten sechs Monate durch Indonesien, Singapur, Malaysia und Thailand und machten sich im folgenden Jahr auf einen langen Trip von Bangladesch nach Griechenland. Unaufhaltsam sammelten sie Erlebnisse – und Kilometer. In Südafrika wechselten die Forwoods nach 198.000 Kilometern vorsichtshalber die Kupplung. Zylinder, Kolben und Ventile erneuerten sie insgesamt zweimal, nach 229.000 und 485.000 Kilometern. Der Rahmen musste bei Kilometerstand 413.000 am Lenkkopf versteift werden, nach weiteren 19.000 Kilometern brach er über dem rechten Federbein. Im Senegal schließlich verabschiedete sich die Halterung der Hinterradachse. Wegen der teils abenteuerlichen Straßen und des hohen Gewichts der Reisemaschine mussten die Federbeine jeweils nach 198.000 und 392.200 Kilometern ausgetauscht werden. Bei 270.000 Kilometern wurde in den USA die Telegabel ersetzt. Nach einigen kleineren Unfällen mussten die Koffer repariert und die Verkleidung ausgewechselt werden. Im Laufe der Reise verschliss die treue Electra Glide 33 Hinterreifen und 20 Vorderreifen. Überhaupt musste die Harley nur dreimal abgeschleppt werden, weil sie am Straßenrand nicht mehr repariert werden konnte. In Sri Lanka, am 26. Juli 2007, sprang der Tacho der gerade einmal 14 Jahre alten Maschine auf 500.000 Kilometer um.

Peter und Kay brauchten für diese Mammutaufgabe nicht weniger als 15 Jahre und 610.000 Kilometer. Sorgfältig haben sie die bereisten Staaten auf das Topcase ihres Motorrads geschrieben, mit Kilometerangabe und Datum des Grenzübertritts. Und sie sind sich sicher, mit ihrer Electra Glide das richtige Motorrad für die zurückliegenden Strapazen gewählt zu haben.

Peter und Kay Forwood aus Australien bereisten mit ihrer Electra Glide Classic alle 193 Länder der Erde.

NO
SMOKING
at Prudhoe
WELCOME T
PR DHOE BA
DUNLOP
SK
GB
RUSSIA
BARONE GOMME SICILIA

92__ The Monster

Die Eigenbau-Tour-Glide aus Polen

Zuschauer, die einen flüchtigen Blick über die Custombike Show 2019 warfen, entdeckten inmitten der funkelnden Eigenbauten und hochglanzlackierten Unikate eine mattgrüne Harley-Davidson Tour Glide aus den 1980er Jahren. Sie fragten sich zu Recht, was das mit Gebrauchsspuren übersäte Tourenmotorrad zwischen all den Showbikes zu suchen hatte. Erst ein genauerer Blick offenbarte einige gravierende Unterschiede zur besagten Tour Glide. Hatte der Motor etwa vier Zylinder? Wurde die Verkleidung aus Aluminium gedengelt? Und waren die Gussräder aus zwei Hälften zusammengesetzt und mit Schrauben verbunden? Nein, dieses Motorrad war keine Harley-Davidson.

Stanislaw Szydelko aus Wroclaw in Polen war ein begeisterter Motorradfahrer und ein begabter Bastler. Er träumte seit vielen Jahren von einer Harley-Davidson. Da es Anfang der 1980er Jahre kaum möglich war, einen US-Big-Twin in das sozialistische Land einzuführen und Stanislaw ohnehin nicht das Geld für die Anschaffung gehabt hätte, begann er kurzerhand damit, sich das Traumbike selbst zu bauen. Einfach so, ohne Computer und ohne aufwendige technische Zeichnungen. Bei seinen Planungen dienten die damals aktuellen Harley-Modelle als Inspiration, jedoch fertigte er viele Details nach seinen eigenen Vorstellungen.

Der Pole entwickelte ein V4-Aggregat mit 1680 ccm Hubraum. Das Kurbelgehäuse und die Zylinderköpfe baute er eigenhändig, viele Motorteile entstammten anderen Fahrzeugen – etwa Kolben und Nockenwelle von einem Fiat 126, die Pleuel von einer Harley WLA, Teile der Kurbelwelle von einer NSU und Getrieberäder von einem Polski-Fiat 125. Szydelko fertigte einen Rahmen aus dickwandigen Stahlrohren, eine raffinierte Telegabel, Bremssättel im Harley-Davidson Style und sämtliche Bodyparts aus Stahlblech. 1992 hatte er das Kunstwerk vollendet und sich den Traum einer Eigenbau-»Harley« erfüllt. Leider starb er ein halbes Jahr nach Fertigstellung seines Monsters, ohne einen Meter damit gefahren zu sein. Doch sein Enkel Thomasz nahm sich der 400-Kilo-Wumme an und brachte sie auf die Straße – und in die Bike Shows. Manchmal lohnt eben ein zweiter Blick.

___ Weil eine Harley im Ostblock unerreichbar war, baute sich ein Pole sein Traumbike selbst – mit Vierzylindermotor und Tour-Glide-Optik.

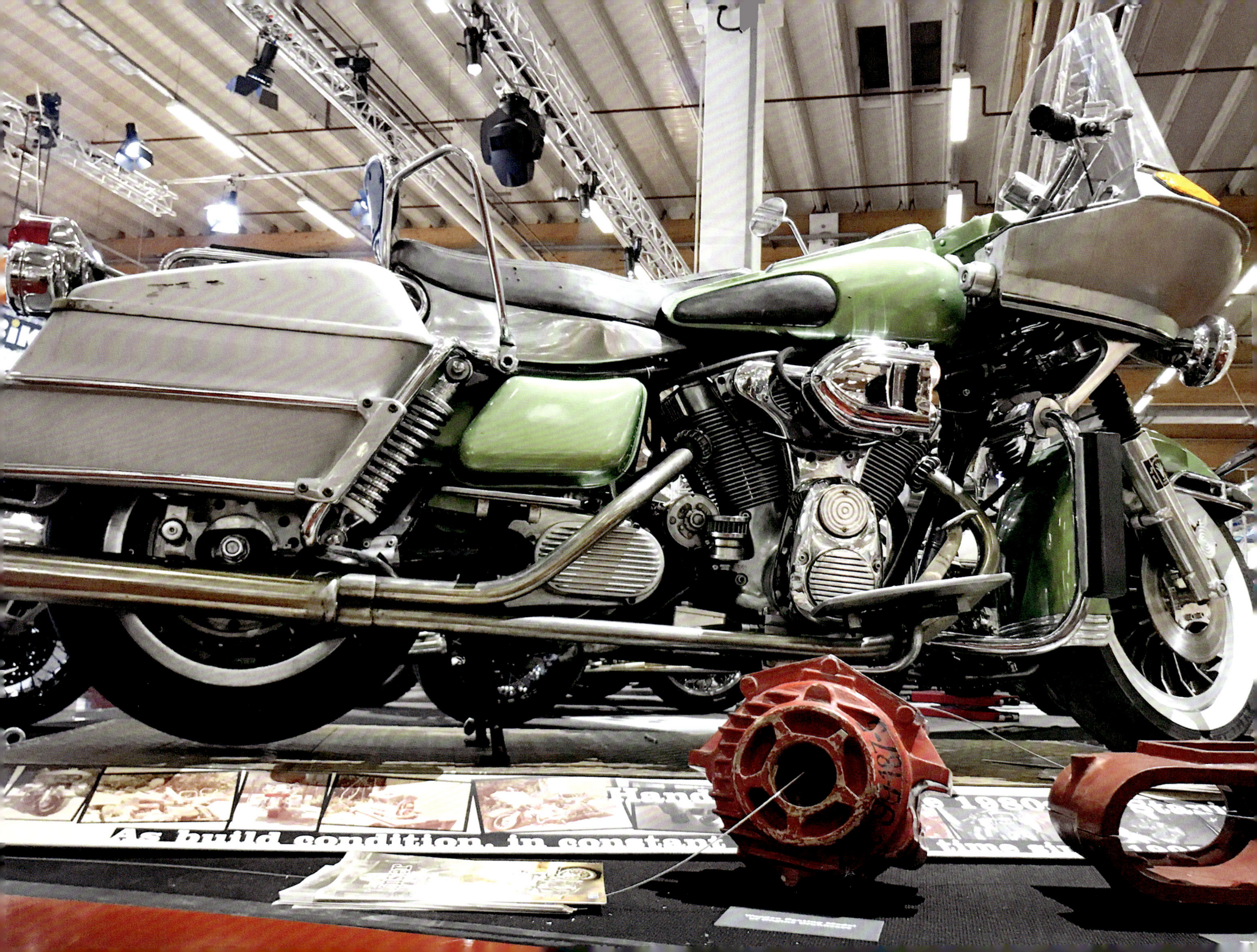
As build condition, in

93__ Go West

Mit der Harley durch die USA

Selbstverständlich macht es gewaltigen Spaß, mit einer Sportster durch den Schwarzwald zu kurven, auf einer Low Rider die schwedischen Wälder zu erkunden oder hinter der Tourenverkleidung einer Street Glide nach Südfrankreich zu reisen. Für die meisten Harley-Davidson Fahrer ist es jedoch das Größte, auf einem US-Eisen die Weiten der USA zu erfahren.

Viele Europäer erfüllen sich diesen Traum im Sattel einer Leihmaschine, manche kaufen sich ihr Reisegefährt vor Ort, und nur wenige nehmen ihr eigenes Motorrad mit über den großen Teich. Gleichgültig, ob Rental- oder eigene Harley, ob Tourer, Roadster oder Chopper, das Erlebnis einer USA-Reise ist stets etwas ganz Besonderes. Vor allem im Südwesten der Vereinigten Staaten locken weites Land, monumentale Canyons und einsame Wüsten. Beliebte Routen führen über die historische Route 66, von Nationalpark zu Nationalpark oder durch den »Golden State« Kalifornien, auf dem Highway 1 entlang der Pazifikküste. Oder wie wäre es mit einem Trip durch den gesamten Kontinent, von der Ost- bis zur Westküste?

Wer sich nach tagelanger Einsamkeit und Fernsicht bis zum Horizont nach Zivilisation sehnt, findet am Weg blinkende Spielerstädte sowie quirlige Metropolen wie Los Angeles, San Francisco, Denver, Memphis oder Phoenix. Langweilig wird es dabei nie. Höhenunterschiede von 3000 Metern und eine Temperaturspanne von 40° können innerhalb einer Tagestour vorkommen. Der Wechsel von achtspurigen Freeways auf schmale Schotterpisten, von gigantischen Wolkenkratzern zu einsamen Goldgräberstädtchen, von gleichförmigen Äckern zu majestätischen Gebirgskulissen macht eine gut geplante USA-Reise zu einem höchst abwechslungsreichen Erlebnis. Und vor allem hier, auf den langen Etappen zwischen Arizona und North Carolina, auf den Überlandfahrten von Colorado nach Texas erschließt sich, warum eine schwere Harley-Davidson genau so entwickelt und gebaut wurde, wie wir sie kennen und lieben.

__ Der Blick auf die legendäre Golden Gate Bridge bei San Francisco zählt zu den Highlights einer USA-Reise.

TRASH

94_ Harley-Klone

Nicht alles, was nach Harley-Davidson aussieht, stammt auch von der Motor Company

Anfang der 1990er Jahre entstand ein gewaltiger Run auf Custombikes und US-Bikes aller Art. Harley-Davidson sah sich kaum in der Lage, die Nachfrage zu befriedigen. Insbesondere individuell aufgebaute Motorräder waren gefragt, also fertigten neu entstandene Manufakturen Kleinserien-Bikes und Unikate – der »American Alternative«-Markt war entstanden.

Obwohl diese Motorräder oft aussahen wie individualisierte Produkte aus dem Hause Harley-Davidson, stammte nicht ein Teil von der Motor Company. Unter dem Spitznamen »Harley-Klone« produzierten Firmen wie American IronHorse aus Dallas, Big Dog Motorcycles, Titan Motorcycles Company aus Phoenix, American Legend Cycles oder Knievel Motorcycles komplette Motorräder, die im Wesentlichen aus zugekauften Produkten des Nachrüstmarktes entstanden. Dutzende dieser Motorradmanufakturen bereicherten den Markt und boten dem geneigten Motorradkäufer eine schier unendliche Auswahl an Alternativen. Diverse Kleinbetriebe hatten sich auf die Produktion von Zubehörteilen spezialisiert. Technisch begabte Käufer konnten sich ihr Custombike auf Wunsch in der eigenen Garage aus Einzelteilen zusammensetzen. DayTec oder Paughco fertigten Rahmen mit starrem oder gefedertem Heck. RevTech, Ultima oder S&S hatten sich auf den Bau von kompletten V2-Motoren spezialisiert. Diese basierten meist auf dem Evolution-Design von Harley-Davidson. Als Verkaufsargument wiesen die Motoren mehr Hubraum und folglich mehr Leistung auf als die Serientriebwerke. S&S bot beim 113-Zoll-Motor knapp zwei Liter, RevTechs 125 Zoll hatte mächtige 2048 ccm. Doch auch Klassiker-Freunde konnten bedient werden – etwa mit den S&S-KN-Series-Motoren, die an die Harley-Davidson Knucklehead-Aggregate angelehnt waren.

Es etablierten sich Produktionsstätten für Räder, Tanks und Gabeln, kleine Betriebe wie Delkron oder Crane Cams spezialisierten sich auf Tuningteile. Mehr und mehr kam Zubehör auch aus Asien. Die Qualität der so entstandenen Motorräder hing daher vor allem von den verwendeten Teilen ab. So gab es liederlich zusammengesetzte Bastelbuden, aber einige der Harley-Klone übertrafen gar den hohen Anspruch der Originale von Harley-Davidson.

__ Der Motorenbauer S&S liefert Einbaumotoren im Harley-Stil für jeden Geschmack und jeden Leistungswunsch. Der hier gezeigte V2-Gigant ist jedoch nur ein Marketing-Gag.

S&S
S&S Cycle
T143
S&S
S&S

95 Superbike-Replika

Harley-Davidson VR 1000

Matschi fährt seit über 30 Jahren Harley-Davidson. Nun ist es an der Zeit, endlich auch für seine Frau Betty eine Harley aufzubauen. Doch die hat sich dummerweise in ein orangefarbenes Sportbike verliebt – das VR-1000-Superbike, das 1992 als Rennmotorrad entwickelt wurde und von dem weltweit lediglich 53 Stück existieren. Wenn überhaupt mal eine VR 1000 angeboten wird, dann kostet sie weit über 100.000 Euro. Die rare Rennmaschine passt einfach nicht ins Budget. Doch Matschi steckt den Kopf nicht in den Sand. Der Hamburger ist einer, der die Fachkenntnisse hat, um so manche Bastelei auszubrüten. So ein Superbike muss sich doch duplizieren lassen, denkt er, und beginnt umgehend mit der Planung. Er fertigt 200 Seiten Zeichnungen an, führt unzählige Telefonate und recherchiert in der ganzen Welt.

Den Alurahmen schweißt Matschi so um, dass er für eine Einzelabnahme geeignet ist. Auch Auspuffanlage und Benzintank fertigt der Edelschrauber selbst, Gabelbrücke und Fußrastenträger fräst ein Fachbetrieb. Von einem leitenden Ingenieur aus der Harley-Davidson Entwicklungsabteilung erwirbt er originale VR-1000-Motorinnereien und das Cockpit. Den Bodykit, bestehend aus Monocoque und Verkleidung, gibt er beim Hersteller der VR-1000-Verkleidung in den USA in Auftrag. Eine Öhlins-Upside-down-Gabel und Marchesini-Räder vervollständigen das Teilepuzzle. Der wassergekühlte Motor der Harley-Davidson V-Rod ist ein direkter Abkömmling des VR-1000-Renntriebwerks. So kann der Metallbauer beim Antrieb auf einen 1130-ccm-VRSC-Twin zurückgreifen. Den höheren Hubraum akzeptiert er, nicht jedoch die angedeuteten Kühlrippen an den Zylindern, die er herunterschleift. Er modifiziert zudem die Wasserpumpe getreu dem Original.

Dank schärferer Nocken und höherer Verdichtung leistet der 60°-dohc-V2 jetzt 126 PS – fast so viel wie die 135 PS des 1000er-Rennaggregats. Betty ist begeistert von ihrer Renn-Replika, zumal der TÜV dem Eigenbau seinen Segen erteilt. Mit geprüftem Rahmen, einem dicken Aktenordner voller Unterlagen und wichtigen Ausstattungsdetails wie Blinkern oder sorgfältiger Schalldämpfung gelingt die legale Straßenzulassung. Den Unterschied zum Original entdecken nur echte Fachleute. So ist diese VR 1000 die wohl einzige ihrer Art, die für den täglichen Weg zur Arbeit oder auf langen Reisen benutzt wird.

Mit viel Talent, guten Beziehungen und langem Atem baute sich ein norddeutscher Edelbastler sein eigenes VR-1000-Superbike.

92
VR 1000
HARLEY-
DAVIDSON
DUNLOP

CUSTOMBIKES

Was wären die Motorräder von Harley-Davidson ohne die Customizer, die Bike Builder, die Aftermarket-Hersteller und Garagenbastler. Weil kaum eine Harley serienmäßig bleibt, hat sich weltweit ein gewaltiger Industriezweig entwickelt, der sich zum Ziel gesetzt hat, die US-Eisen noch schöner, noch verrückter und vor allem einzigartig werden zu lassen.

JAPAN

Bobber, Breitreifenumbau oder Trike: Im Showroom der niederländischen Custom-Schmiede L&L Choppers treffen unterschiedliche Umbaustile aufeinander.

West Coast
Highneck
360 Indian

96 Bike Builder

Die Kunst der Individualisierung

Customizing, die Kunst des Umgestaltens, ist untrennbar mit den Motorrädern von Harley-Davidson verbunden – Individualismus galt schon immer als ein wichtiges Moment innerhalb der Harley-Szene. Spätestens seit den 1960er Jahren führten der Trend zum Chopper mit langer Gabel und grellen Lacken sowie die aufkeimende Kunstform »Kustom Culture« in den USA zum weit verbreiteten Wunsch, sein Motorrad nach eigenen Vorstellungen umzubauen. Garagenschrauber fertigten ihr persönliches Traummotorrad eigenhändig, Kleinbetriebe wie Chopperteilehersteller AEE, Amen, John Harmann oder Jammer versorgten die Schrauber mit Hardware. Und professionelle Customizer wie Ron Finch, Cyril Huze, Arlen Ness oder Dave Perewitz gestalten atemberaubende Custom-Kreationen am laufenden Band.

Im Laufe der Zeit entwickelten sich verschiedene Stilrichtungen innerhalb der Umbauszene. So entstanden breite Bobber, langgabelige Chopper, High-Performance-Dragbikes, stollenbereifte, alltagstaugliche Scrambler oder verrückte Themenbikes, die auf dem Anhänger von Show zu Show getrailert wurden. Manchmal fühlten sich die Bike Builder mehr der Kunst verpflichtet, manchmal stand die Technik im Vordergrund. Manchmal entwickelten Customizer einen eigenen Stil, der sich wie ein Lauffeuer verbreitete und einen wahren Trend auslöste. Auch in Europa und in Asien hat das Thema Customizing einen hohen Stellenwert. Auf die Chopperpioniere von AME, Walter und Georg Senn aus der Schweiz oder Tolle aus Schweden folgten innovative Bike Builder wie Fred Kodlin oder Marcus Walz.

Heute befindet sich kaum eine Harley im Originalzustand. Jede Menge Kataloganbieter und Webshops beliefern Selbstschrauber mit einer wahren Flut an Aftermarket-Teilen. Wer professionelle Betreuung wünscht, kann sich sein Motorrad von Profis umgestalten oder aufbauen lassen. Und selbstverständlich ist der Zubehörkatalog der Company so dick wie nie zuvor. Wer will, kann sich sein individuelles Custombike ausschließlich mit originalen Harley-Teilen zusammenstellen.

Winston Yeh, Chef von Rough Crafts aus Taiwan, Taber Nash von der Nash Motorcycle Company aus den USA, Cory Ness, Sohn des Custom-Übervaters Arlen Ness, Carlo Colombo von Asso Special Bike aus Norditalien, Joshi Kosaka leitet die Garage Company in Los Angeles, Uwe Ehinger ist der Kopf von Ehinger Kraftrad aus Hamburg (obere Reihe v. l. n. r.).

Fred Kodlin, Custom-Urgestein aus Deutschland, Yaniv Evan von Powerplant aus L.A., Momo von Momo Bike östlich vom Toulouse, Hidemo-Chef Hideya Togashi aus Japan, Dragstyle-Vorreiter Marcus Walz, Custom-Parts-Hersteller Roland Sands aus Kalifornien (untere Reihe v. l. n. r.).

FALLEN
BORN-FREE
Powerplant
MOTO CYCLES
southsiders
WHEELS and WAVES

97__ Slim Vintage

Klassischer Chopper auf Basis der »kleinen« V-Twins

Die Harley-Davidson R-Serie löste 1932 die D-Range ab und wurde bis 1936 produziert. Ihr Nachfolger wurde die auch bei uns durch die Militärmodelle WLA bestens bekannte W-Serie. Zuverlässigkeit, Anspruchslosigkeit und Fahrkomfort zeichneten die WL-Modelle aus, die damit auch auf dem zivilen Markt ihre Anhängerschaft hatten. Starrrahmen, Springergabel, V2-Motor: Einige Jahre später wurden die Fourty-Five Flathead-Bikes als brauchbare Basis für coole Chopper entdeckt. Die Auferstehung der hier gezeigten WL als veritables Einzelstück fand gar erst Mitte der 1990er Jahre statt.

Mehr als zehn Jahre lang lagerten die Einzelteile der WL von 1943 in einer Berliner Dachkammer. Irgendwann erinnerte sich ihr Besitzer Frank an die verwahrloste Maschine und startete mit der Restauration – im Stil früher Chopper. Gemeinsam mit seiner Tochter lackierte und polierte Frank sämtliche Details. Die beiden montierten einen zeitgenössischen Buckhorn-Lenker, eine hohe Sissybar und ein 21 Zoll großes Vorderrad. Der Seitenventil-V2 mit 750 ccm (45 cui) wurde gründlich überholt sowie mit einem Mikuni-Vergaser und Edelstahl-Dragpipes bestückt.

Am Ende entstand so aus einer rostigen Teilesammlung ein chromglänzender Neuaufbau als 70s-Chopper. Beim Fahren spürt man jedoch, dass es sich um eine Konstruktion aus den 1930er Jahren handelt. Wer wird da erwarten, dass sich die alte 750er mühelos und easy bewegen lässt. Dieses Motorrad muss man sich erkämpfen. Und das kann jede Menge Spaß machen.

Auch wenn über 70 Prozent der verbauten Komponenten original sind, wirkt das Motorrad wie ein Vollblut-Umbau. Damit steht das Familienprojekt für ein gelungenes Custombike aus privater Hand – ganz ohne professionelle Unterstützung.

Traditioneller Chopper-Umbau auf Basis einer »kleinen« Flathead-Harley mit 750 ccm.

Lässig, schlank und reduziert: gravierter Chopper auf der Bike Shed in London.

98 Big Flat

Eine seltene Harley-Davidson UMG wird zum Custombike

Ab 1937 trugen alle Harleys mit großen Flathead-Motoren ein »U« in der Modellbezeichnung. Die Standard-Flathead-Modelle waren bei Polizei und Militär beliebt, sie galten als nahezu unzerstörbar und ließen sich einfach reparieren. Ein besonders seltener Vogel war schon damals die UMG, eine speziell aufgebaute Maschine für die New Yorker Polizei. Das NYPD war bislang Motorräder von Indian gefahren. Um einen Fuß in die Tür der Großstadt-Behörde zu bekommen, »indianisierte« Harley-Davidson seine Big Flats in vielen Details. Von den stets in Rot – wie die Indian Chief – lackierten und mit Bosch-Magneten ausgerüsteten UMGs wurden nur zwischen 300 und 400 Exemplare gefertigt.

Eine derart seltene Harley aus den 30ern zu einem Custombike umzubauen, wird von einigen Sammlern und Markenkennern als Sakrileg angesehen. Puristen halten die 1200er für zu kostbar. Für einen privaten Schrauber aus dem Westerwald machte jedoch gerade der Raritätenstatus den besonderen Reiz aus, um daraus ein Unikat aufzubauen. Außerdem hatte er seine UMG in Einzelteilen erworben, von denen sowieso nur Motor und Rahmen verwendet werden konnten. Ohne sich an Vorgaben des Originalmotorrads zu halten, zimmerte sich der begabte Handwerker einen aufs Wesentliche reduzierten Racer zusammen, der aussehen sollte, als käme er geradewegs von einer Offroad-Arena in den 1920er Jahren.

Eine Hillclimb-Gabel mit zentralem Reibungsdämpfer, grobstollige Rallye-Cross-Reifen, klassische Trittbretter und einige gezielt eingesetzte moderne Zutaten wie die winzige vordere Scheibenbremse prägen die deftige Optik der ehemaligen Polizeimaschine. Als Tüpfelchen auf dem »i« gönnte der Westerwälder seiner Flattie die originale rote Farbe der UMG-Modelle. Flüchtige Betrachter mögen nun denken, dass der Racer niemals legal auf der Straße gefahren werden darf. Doch Rücklicht, (LED-)Scheinwerfer, Rückspiegel und Hupe sind gut versteckt untergebracht. Das Bike ist »ready for the road«.

Vom New-York-Police-Bike zum derben Custom-Bobber: Eine umgebaute UMG sieht man nicht alle Tage.

HARLEY-
DAVIDSON

99__Old School im Doppelpack

Zwei Freunde und ihre Chopper-Projekte

Dies ist eine Geschichte von zwei Freunden, die – unabhängig und 6000 Kilometer voneinander entfernt – den Aufbau einer radikalen Old-School-Harley beschlossen. Maik war gerade beruflich in den USA und hatte die Idee, seine bisherige Harley – tief, breit, schwarz – gegen einen klassischen Chopper einzutauschen. Sein Kumpel Henryk in Deutschland hatte ähnliche Gedanken. Seine moderne Harley-Davidson FXR sollte weg und dafür ein Starrrahmenbike her.

Bei einem Telefonat berichteten sich die beiden gegenseitig von ihren Plänen. Sie mussten laut in den Hörer lachen, als sie die Gemeinsamkeiten bemerkten. Maik kehrte bald zurück in die Heimat und brachte sich gleich eine Early Shovel als Umbaubasis aus den USA mit. Auch Henryk hatte sich bereits eine Panhead von 1948 besorgt. Also begannen sie gemeinsam mit dem Aufbau der beiden Bikes.

Über einen Rahmen mit starrem Heck verfügen beide Bikes, auch die Springergabel und das 16-Zoll-Hinterrad finden sich sowohl an der Panhead als auch an der Early Shovel. Doch Henryks Panhead erhielt ein 16-Zoll-Vorderrad, wohingegen Maik auf ein schmales 21-Zoll-Rad steht. Tankform, Lenkerhöhe und Auspuffanlage unterscheiden sich ebenfalls voneinander. Maiks Motor stammt vom Aftermarket-Zulieferer S&S und hat mit 1530 ccm spürbar mehr Kraft als der originale 1200er von Henryks Alteisen. Eine offensichtliche Gemeinsamkeit beider Motorräder ist die Wahl der Farbe. Naturnahe Erdtöne sollten beide erhalten. Henryks Shovelhead erstrahlt nun in Goldbraun, Maiks Pan in mattem Beige. Auch wenn die beiden Old-School-Chopper ein unterschiedliches Finish erhalten haben, so liegen ihnen doch die gleichen Gedanken zugrunde. Sie sind eigenständig und passen dennoch perfekt zueinander. Geplant zur gleichen Zeit an unterschiedlichen Orten.

__ Zwei Freunde, eine Idee: Die beiden klassischen Starrrahmen-Harleys sind durchaus unterschiedlich, entstammen aber dennoch den gleichen Überlegungen.

84

S&S
SUPER
NERO
LIVES

Locker-lässig oder kauernd-verkrampft: Bei Custombikes liegt Bequemlichkeit im Auge des Betrachters.

100 Custom Garage

Underdog und Szenekenner

Es gibt Bike Builder, die setzen sich bei jeder Gelegenheit in Szene. Manche beherrschen die Klaviatur der Selbstvermarktung virtuos, springen selbstbewusst vor jede Kamera und sind durch ihre dauerhafte Präsenz in aller Munde. Doch was außer großem Getrommel haben diese Spezialisten des Ego-Marketings sonst für die Custom-Szene erreicht?

Rudi von der Custom Garage Hamburg kann über B-Promis à la »Orange County Choppers« nur schmunzeln. In seiner kleinen Garage nördlich der Hansestadt bastelt er tagein, tagaus an neuen Custom-Lösungen und bringt dabei Erstaunliches hervor. Dabei kümmert er sich wenig bis gar nicht um den großen Rummel und TV-Duelle. Der Edelschrauber ist dafür auf allen Treffen Europas und in den USA zu Hause. Er kennt alle Chopper-Pioniere persönlich und zählt zweifellos zu den alten Hasen der Szene. Bereits in den 1990er Jahren nahm er den Trend schmaler Räder vorweg, er war einer der Ersten, die Stollenreifen auf Harley-Chopper aufzogen und sich – mitten im Breitbau-Boom – vehement für schlankere Old-School-Custombikes einsetzten. Immer ging die Custom Garage ihren eigenen Weg, fernab vom Mainstream und meistens schneller als die anderen. Dabei zeigte sich außerdem, dass Rudi ein feines Gespür für Proportionen und die Linienführung eines Motorrads hat.

Seine Shovelhead im Starrrahmen beweist eindrucksvoll, wie gründlich und stilsicher die Unikate bei der Custom Garage gefertigt werden. Hinter angedeutetem Boardtrack-Look mit kantigem Stecktank, Springergabel und Messingapplikationen verbirgt sich ein alltagstaugliches Motorrad. Auch hier setzt Rudi auf schmale 19-Zoll-Räder mit Stollenreifen. In Handarbeit gefertigte Details wie die markante 2-in-1-Krümmeranlage oder der flache »Sport«-Lenker verleihen dem Bike eine eigenständige Linie. Der gusseiserne Shovelhead-Motor mit 1340 ccm fügt sich perfekt in die Old-School-Optik ein. So präsentiert sich das Bike sauber gearbeitet, stilsicher und einzigartig – und das alles ohne die große Bühne, schrillen Trubel oder VIP-Hype.

Shovel im Starrrahmen: Sieht aus wie ein Vorkriegsrenner, lässt sich aber auch im heutigen Alltag mit Elan bewegen.

HARLEY-
DAVIDSON

101 Schrott wird flott

Ein Unfallmotorrad als Basis für den Classic-Chopper

Der Aufbau eines Custombikes beginnt sehr oft mit der Umgestaltung eines Neufahrzeugs oder eines Motorrads in perfektem Alltagszustand. Nicht selten vergehen nach dem Erwerb des Bikes nur wenige Wochen, bis Auspuffanlage, Lenker oder Sitzbank gegen Zubehörteile ausgetauscht werden. Die nicht mehr benötigten Serienteile lassen sich dann nur zu geringen Erlösen wieder verkaufen: Lange Heckfender und plüschige Doppelsitzbänke haben andere Harley-Fahrer eben auch schon.

Am Ende wird so ein Umbau dann vergleichsweise teuer. Doch es gibt keinen Grund zu resignieren: Der Harley-Shop USM in Langenhagen bietet eine interessante Option, um an eine preiswerte Harley für ein Custom-Projekt zu kommen. »American Crashbikes« nennt USM seine Geschäftsidee, die darauf basiert, Unfallbikes aus Versicherungsauktionen in den USA zu erstehen und weiterzuverkaufen. Als Basis für einen Originalaufbau eignen sich die zerschraddelten Crashbikes kaum. Um daraus aber einen individuellen Umbau zu zaubern, sind sie nahezu genial. Oft sind die Motorräder aus den Versteigerungen nur geringfügig beschädigt. Und Auspuff, Lenker, Blinker oder Fußrasten wandern bei einem Umbau meistens ohnehin in die Mülltonne. Durch den reduzierten Einkaufspreis ergibt sich eine beträchtliche Ersparnis.

Die meisten Crashbikes haben neuere Baujahre – 883 Sportster, Road Kings oder Fat Boys. Doch manchmal befinden sich auch Klassiker darunter. Auch die abgebildete Harley-Davidson FLH von 1948 kam als beschädigtes Fahrzeug über den großen Teich. Das Starrrahmen-Bike erhielt bei USM eine aufwendige Restaurierung zum Classic-Chopper. Angetrieben wird der Old-Schooler von einem Shovelhead-Motor mit 1340 ccm, die Springergabel entstammt einer neueren Softail. Motogadget-Tacho, Headwings-Scheinwerfer und Indy-Tankdeckel sind kostspielige Aftermarket-Teile. Aber das fällt kaum ins Gewicht, schließlich wurde beim Einkauf des Crashbikes so mancher Euro gespart.

Kreativer Umgang mit einem Unfallmotorrad: Nach erfolgter Restauration zeichnen glänzender Chrom und eine aufwendige Lackierung den Chopper von USM aus.

Harley-Davidson
'48

102_Shovel, Pan und Sportster aus dem Ruhrpott

Drei Freunde

Fast 100 Jahre lang war das wirtschaftliche Leben von Duisburg-Rheinhausen von Kohle und Stahl geprägt. Neben den beiden Zechen »Diergardt« und »Mevissen« sorgte vor allem das Krupp-Hüttenwerk für Aufschwung am linken Rheinufer. In den Jahren vor dem Ersten Weltkrieg galt das Krupp-Werk als das größte Europas, in den sechziger Jahren fanden bis zu 16.000 Menschen Arbeit rund um die Hochöfen. Als dann in den Siebzigern die Zechen dichtmachten und trotz massivem Widerstand 1993 das Krupp'sche Hüttenwerk die Tore schloss, begann für Rheinhausen der wirtschaftliche Abstieg.

Die Rheinhauser Bernd, Ralf und Uwe kennen die alte Zeit noch gut. Jeder von ihnen hat sich seine individuelle Harley-Davidson aufgebaut. Die drei Bikes unterscheiden sich erheblich, doch sie sind sauber aufgebaut und äußerst lässig – eben ehrlich wie der alte Ruhrpott. Bernds Super Glide stand vor dem Kauf in Kisten verstaut im Freien unter einem Vordach. In einer wochenlangen Garagenaktion machten sich die drei Rheinhauser daran, das Bike als gediegenen Bobber wiederauferstehen zu lassen. Sie bauten eine Auspuffanlage aus Edelstahl, besorgten eine Springergabel, sie schweißten Öltank, Schutzblech und Kennzeichenhalter zusammen und lackierten den Benzintank in einem historisch korrekten Farbdesign. Auch die 1948er-Panhead von Uwe kam als ein Haufen Schrott nach Rheinhausen. Sie war komplett zerlegt, unvollständig und der angeblich überholte 1200er-Motor mit falschen Teilen bestückt. Also machte sich der gelernte Schlosser an die Arbeit, aus dem Teilepuzzle ein Alltagsbike im Stil der klassischen Bobber aufzubauen.

Ralf mag es etwas sportlicher. Seine zum Cafe Racer umgebaute 1978er-Sportster hat der Selbstschrauber mit allerhand Goodies ausgestattet, die ein zügiges Vorwärtskommen ermöglichen. Dem 1000er-Motor spendierte er überarbeitete Zylinderköpfe, einen 40er-Mikuni-Flachschiebervergaser, einen Ölkühler und eine selbst gebaute Hydraulikkupplung. Viele handgefertigte Teile machen die XLH zum Kunstwerk. Sooft es die Zeit zulässt, poltern die drei gemeinsam mit ihren Harleys durch das Ruhrgebiet. Und wenn vor grauer Industriekulisse ein Bagger einen Betonklotz in kleine Stücke reißt, dann rufen sie verzückt: »Dat is Heimat!«

___ Shovelhead im Schwingrahmen, Sportster als Cafe Racer und starrer Panhead-Bobber: Klassische Harleys eignen sich für viele Umbaustile.

26

103 Schwedenstil

In Skandinavien entwickelte sich eine individuelle Handschrift

Erfunden wurden Chopper in den USA. Die langgabeligen Unikate entstanden nicht etwa, um besser oder schneller zu fahren, sondern um möglichst stylische Geräte mit außergewöhnlichen Proportionen aufzubauen und ganz nebenbei damit das Establishment zu ärgern. Schon bald schwappte die Chopper-Welle auch nach Europa. Die Schweden zählten nicht nur zu den Ersten, die sich der Fertigung von Choppern widmeten, sie taten dies auch mit besonderer Sorgfalt. Zunächst schauten sie den Schraubern aus Kalifornien genau auf die Finger, schon bald aber kristallisierte sich eine eigene Handschrift heraus, der in der Szene viel beachtete Schwedenstil.

Die Nordmänner wollten traditionellen Chopperbau mit funktioneller Ästhetik verknüpfen. Ein absolutes Muss für einen Schweden-Chopper sind eine extrem lange Telegabel, ein starres Rahmenheck und ein breiter Hinterreifen, im Idealfall ein Autoreifen. Dieser wurde zwar aus der Not heraus geboren, da in den 1970er Jahren keine breiteren Motorradreifen als 5.00-16 erhältlich waren. Doch heute zeichnet ein Autoreifen im Heck einen historisch korrekten Schweden-Chopper aus. Ein echter »Schwede« besteht aus weit mehr als einer langen Gabel und einem Pkw-Pneu. Schlichte Eleganz und bedingungslose Aufgeräumtheit sind Kennzeichen des Baustils. So sollte auf korrespondierende Linien und Winkel geachtet werden, etwa von Auspuffanlage und Rahmenrohren. Kabel und Züge werden unsichtbar verlegt, gut versteckte Details sorgen für die gewünschte saubere Optik. Unschöne, weniger wichtige Details werden einfach weggelassen.

Mitverantwortlich für die Faszination der Skandinavier an minimalistischen Langgablern waren auch die laschen schwedischen Gesetze. Weil diese diverse Lücken zum legalen Betrieb noch der wildesten Gefährte aufwiesen, bauten die Garagenschrauber kreativ drauflos, ohne sich an behördliche Vorgaben halten zu müssen. Im Laufe der Zeit öffneten mehr und mehr skandinavische Zubehöranbieter ihre Läden, um die umbauwilligen Schweden mit professionell hergestellten und geprüften Gabeln, Sitzbänken und Rahmenkits zu versorgen. Noch heute werden Schweden-Chopper aufgebaut, mit unfassbar langen Gabeln, dicken Hinterrädern, kaum sichtbaren Details und ganz dicht an den Vorbildern aus den 1970ern.

Lange Gabel, Autoreifen, konsequenter Minimalismus: Der Schwedenstil besticht durch seinen cleanen Aufbau.

Breite Reifen, hohe Lenker, bunte Lackierungen: Der Spaß am Individualisieren ist untrennbar mit dem Mythos Harley-Davidson verbunden.

104 Hide Motorcycle

Sportster für den Sport

Kaum einen Meter vom Schaufenster der Motorradschmiede Hide Motorcycle entfernt donnern unter lautem Getöse riesige Sattelschlepper vorbei. An der schmalen Straße von Kawasaki nach Tokio gibt es weder einen Fußweg noch eine Parkbucht. Hideya Togashi betreibt hier, unmittelbar am Tama River gelegen, seinen kleinen Custom Store Hide Motorcycle, kurz Hidemo. Platz ist kostbar in der Region rund um die Millionenmetropole Tokio.

Beengte Verhältnisse und eine unpraktische Raumaufteilung über zwei Etagen halten Hideya nicht davon ab, faszinierende Einzelstücke vornehmlich aus Harley-Davidson Motorrädern zu formen. Der bedächtig agierende 50-Kilo-Mann zählt zu den angesagtesten und innovativsten Customizern Japans. Er steht im Ruf, japanischen Minimalismus mit sauberem Handwerk zu kombinieren und daraus seinen unnachahmlich coolen Stil zu kreieren.

Der feingliedrige Schrauber schiebt eine Harley-Davidson Sportster aus der Werkstatt. Das schlanke Motorrad wirkt auf den ersten Blick unscheinbar. Doch der Used-Look mit matten Stellen und Gebrauchsspuren gehört zum Selbstverständnis von Hideya. Seine Motorräder sollen gefahren werden und nicht wie unnahbare Ausstellungsstücke aussehen.

Damit die alte Ironhead-Sportster auch gut fährt, hat der Japaner edle, zeitgenössische Komponenten verbaut. Dazu zählen Aluminium-Hochschulterfelgen und eine Ceriani-Grand-Prix-Gabel. Der rundliche Tank stammt von einer MV Agusta, die Höckersitzbank von einem Harley-Davidson KR-Renner. Typisch für Hide Motorcycle ist der Aufwand, der für die Details betrieben wird, etwa das Zurücksetzen des winzigen Scheinwerfers oder die Anfertigung des minimalistischen Sportlenkers. Um seine einzigartigen Kreationen zu erschaffen, benötigt Hideya keinen Glaspalast und keine glänzend geflieste Werkstatt. Ihm genügt eine kleine Ecke zwischen gestapelten Ersatzteilen und vibrierendem Straßenlärm.

Konserviert, nicht restauriert: Japanische Customizer wie Hideya Togashi lieben den rauen Stil der Straße.

HARLEY-DAVIDSON
RUDE GALLERY

105 Cafe Racer

Renntauglich, rebellisch, retro

Sie verfügten über einen langen Aluminiumtank, flache »Clip-On«-Stummellenker, eine knapp geschnittene Höckersitzbank und jede Menge Leistung. Ihre verwegenen Fahrer trugen schwarze, nietenbesetzte Lederjacken: die Cafe Racer. Entstanden in britischen Vorstädten der 1960er Jahre, waren Cafe Racer nicht einfach nur schnelle Motorräder, sondern eine Flucht aus gesellschaftlichen Zwängen, der Ausdruck einer inneren Haltung, Eintrittskarte zu einer rebellischen Subkultur. Ihren Namen verdanken sie den waghalsigen Rennen durchs nächtliche London, über Umgehungsstraßen von einer Truckerkneipe zur nächsten, mit über 100 Meilen (160 km/h) von Café zu Café.

Nachdem sich die Szene Anfang der 1970er Jahre langsam aufgelöst hatte, kamen die sportlichen Motorradumbauten aus der Mode. Doch heute steht der zeitlose Stil wieder ganz oben auf der Wunschliste vieler Motorradfahrer. Mit der Retro-Welle im neuen Jahrtausend wurden Cafe Racer zum zweiten Mal modern. Selbst Serienmotorräder von Ducati, Moto Guzzi oder Triumph entstehen im angesagten Cafe-Racer-Style. Wer es etwas individueller mag, geht zu einem Customizer und lässt sich das Motorrad seiner Wahl zu einem Unikat umgestalten. Vor allem die Sportster-Modelle von Harley-Davidson geben dabei eine vorzügliche Basis für ein authentisches 1960er Jahre-Sportbike ab.

Von Haus aus bereits reduziert und klar gezeichnet, kann aus den 883er- oder 1200er-XL-Modellen ein vortrefflicher Gegenpol zur komplizierten Hightech-Welt entstehen, der nicht nur cool und archaisch aussieht, sondern durchaus auch sportliche Fahrleistungen bietet. Ganz so wie die klassischen Vorbilder – Triton, Norton Manx und BSA Gold Star. Fehlt nur noch ein schneller Fahrer mit schwerer Lederjacke samt Nieten, Pins und Clubabzeichen …

Vor allem die Evo-Sportster-Modelle mit 883 bis 1200 ccm eignen sich perfekt für einen authentischen Umbau zum Cafe Racer.

69
XI
I 17
HARLEY
DAVIDSON

106 Powerplant Choppers

Yaniv Evan baut Custombikes für Hollywood

Einst reihten sich entlang der Melrose Avenue in West Hollywood viele unabhängige Galerien, coole Non-Label-Stores und kleine Restaurants aneinander. Heute werden die Wurzeln der südkalifornischen Punk-Kultur zunehmend von edlen Boutiquen und schicken Antiquitätenläden verdrängt. Doch zwischen La Brea und Fairfax Ave. kann man den kreativen Spirit noch fühlen. Neben Shops für Vintage Clothes und »London Boots« betreibt Yaniv Evan seinen szenigen Klamottenladen »For the Love of Motorcycles«. Rechts neben dem Laden steht eine schmale, vergitterte Pforte offen, die unmittelbar zur Werkstatt von Powerplant Choppers führt. Das ist das Reich von Yaniv Evan, hier entstehen einzigartige Motorräder in reiner Handarbeit, bestückt mit ungewöhnlich geformten Aluteilen, umgeben von einer mystischen Aura.

Seit 2002 betreibt der in Israel geborene Edelschrauber seine Werkstatt in Los Angeles. Alles, was er anfasst, macht er mit Akribie und großer Leidenschaft. Und Yaniv ist schnell. Wer ihn beobachtet, wie er den engen Gang vom Ladengeschäft zur Drehbank hin und her spurtet, wie er freundlich Smalltalk mit Kunden hält, dabei mit zackigen Gesten einen Lenker anschraubt und nebenbei kurz telefoniert, der könnte ihn für einen Hektiker halten.

Ein unverkennbarer Stil eint die von Janiv entworfenen Motorräder. Bei Powerplant entstehen vor allem Custombikes auf Basis klassischer Harleys, aber auch schnelle FXR-Umbauten. Highlights sind Motorräder wie die »Vanilla Gorilla«, eine freche Knucklehead mit gelb-schwarz gestreiftem Peanut-Tank, die »Black Mantis« – eine 1975er-Split-Rocker-Shovel, mit der Yaniv 2012 die neunte Artistry in Iron Championship gewonnen hat, oder die P-16 Bomber, eine gänzlich in Aluminium gehaltene 1958er-Panhead.

Shop von Powerplant: Mitten in Hollywood entstehen Motorrad-Unikate für die Reichen und Schönen.

Und weil sich der Shop von Powerplant mitten in Hollywood befindet, ist er ein beliebter Anlaufpunkt für Prominenz aus der Film- und Musikbranche. So ließ sich etwa Joey Castillo, Ex-Schlagzeuger der Queens of the Stone Age, ein Unikat aufbauen, Schauspieler Scott Caan beauftragte eine 1952er-Panhead, und »The Walking Dead«-Mime Norman Reedus besitzt eine einzigartige Knucklehead – made by Powerplant.

Powerplant
MOTO CYCLES

Prêt-à-porter: Auf Shows und Messen präsentieren professionelle Bike Builder und begabte Privatschrauber ihre Einzelstücke.

107_ Rough Crafts

Softail made in Taiwan

Customizing ist nicht beschränkt auf die bekannten Territorien – etwa die USA, Mitteleuropa oder Japan. Die Umbauwelle ist auf beinahe alle Gegenden der Erde übergeschwappt. So existieren etwa auch in Taiwan, dem kleinen, östlich von China gelegenen Inselstaat, eine Hand voll Bike Builder, die sich mit professionellen Motorradumbauten befassen.

Der international bekannteste Bike Builder Taiwans ist zweifellos Winston Yeh. Mit seiner Firma Rough Crafts produziert der promovierte Designer nicht nur eigene Zubehörparts, sondern auch komplette Motorräder. Winston bedient sich dabei meist fabrikneuer Harleys wie Sportster, Softail oder Dyna Glide und gestaltet sie in seinem unverwechselbaren Stil um: schwarz lackiert, clean aufgebaut und dynamisch im Auftritt.

Auch die von ihm individuell gestaltete Harley-Davidson Softail verkörpert Rough Crafts' Style in Reinkultur. Sämtliche Teile hat er in hochglänzendem oder mattem Schwarz beschichtet, nur wenige Details dürfen in Chrom oder Aluminium schimmern. Die klare Linienführung ist geprägt von selbst entworfenen Accessoires, etwa den verrippten Ventildeckeln, dem Scheinwerfer samt Schutzgitter oder der verkleideten Telegabel. Und wie so oft bei den Umbauten von Rough Crafts prangt stolz das Firmenwappen auf den Flanken des Benzintanks.

Dank seiner weltweiten Präsenz verhilft Winston seinem Heimatland zu einem guten Nimbus in Sachen Customizing. Zu Unrecht, so findet der Nachwuchs-Gestalter, hat Taiwan den Ruf eines Billiglandes. So tingelt der Einzelkämpfer zu Veranstaltungen auf der ganzen Welt und wirbt selbstbewusst mit dem Markenzeichen »Made in Taiwan«.

Die Harley-Umbauten von Rough Crafts aus Taiwans Hauptstadt Taipeh tragen eine eigene Handschrift.

ROUGH

108 Desert Wolves

Offroad Harley-Davidson 1200 Roadster

In der Welt des Customizings ist El Solitario Motor Co. ein Phänomen. In einer Werkstatt im galizischen Vigo baut das Team um David Borras und Valeria Libano die vielleicht kompromisslosesten Motorräder der weltweiten Custombike-Szene. Seit 2010 haben die beiden Gründer eine eigene Handschrift etabliert, entstanden unter dem Einfluss ihres Lebensstils rund um Skating, Metal-Sound und schnelle Bikes. Mainstream ist nicht das Ding der Spanier. So gelten die leidenschaftlich agierenden Individualisten als verrückte Künstler innerhalb der Custom-Szene. Nicht jeder bringt Verständnis für die teils schrägen, immer aber außergewöhnlichen Kreationen der Spanier auf. Viele stoßen sich an dem hineinkonstruierten künstlerischen Wahnsinn. Auf der anderen Seite scharen sich glühende Fans um die Trendsetter von El Solitario. In jedem Falle regen die visionären Kreationen zu lebhaften Diskussionen über den Sinn und Unsinn von radikalen Motorradumbauten an.

Neben Motorrädern der Marken Ducati, BMW oder Triumph stehen auch die Bikes von Harley-Davidson als Umbaubasis hoch im Kurs der Nordspanier. Für eine geplante zehntägige Abenteuerfahrt in der Sahara unter dem Projektnamen »Desert Wolves« entwickelten sie drei 1200 Roadster, die dem Offroad-Einsatz gewachsen sind. Anders als bei vielen anderen Custombikes stand beim Projekt der Desert Wolves nicht die Optik im Vordergrund, vor allem die funktionalen Komponenten erhielten einen besonderen Stellenwert. Ein reines Straßenmotorrad in etwas zu verwandeln, das den harten Bedingungen der Wüste gewachsen ist, kann keine leichte Aufgabe sein. David Borras passte daher die Telegabel an und tauschte die Federelemente gegen Öhlins-Komponenten aus. Er verbaute 19-Zoll-Speichenräder von Kineo, eine 2-in-1-Auspuffanlage von SC Projects sowie von ISR maßgefertigte Bremssättel und -scheiben.

Nach der Umbau-Kur überzeugten die 1200er-Roadster sowohl im Geländeeinsatz als auch auf dem Laufsteg. Wie sagt doch gleich ein altes Sprichwort unter Customizern: »Was gut aussieht, das ist auch gut.«

Über Stock und Stein: Die Offroad-Kreationen der galizischen Custom-Künstler von El Solitario eignen sich für den groben Geländeeinsatz.

EL SOLITARIO
DESERT WOLVES
DYNEEMA

109 __ Speedster

Drag Style aus den Niederlanden

Nachdem Walz Hardcore Cycles 1997 in Hockenheim sein flaches, endlos langes Extrem-Custombike »Destroyer« präsentiert hatte, galt der sogenannte Drag Style als eine deutsche Erfindung. Die gestreckte, an Viertelmeilerenner angelehnte Linie versprach in Verbindung mit einem superbreiten Hinterreifen und extrem niedriger Sitzhöhe bereits im Stand atemberaubende Dynamik. So hält sich der Drag Style bis heute – vor allem dank der Initiative diverser deutscher Bike Builder, oftmals unter Verwendung spezieller Fahrwerkskits vom Spezialisten HPU.

Doch auch in den Niederlanden begeistert man sich für den Drag Style. Bozzies Custom Design aus Utrecht hat sich voll und ganz den maskulinen Flachmännern verschrieben und eine eigene, erstmals 2010 präsentierte Speedster-Serie entwickelt. Charakteristisch für das Design von Bozzies ist der geschwungene Einrohrrahmen. Im Heck dreht sich üblicherweise ein gewaltig breiter Hinterreifen. Im Falle der gezeigten »JPS« quillt ein 330er aus dem Hause Avon aus einer Einarmschwinge. Gabel, Räder und vieles mehr entstehen in der Werkstatt der Holländer. Und lackiert ist das Macho-Bike in den typischen Farben der Zigarettenmarke John Player Special.

Als Antrieb für die »JPS« dient ein mächtiger V2-Motor von RevTech mit 1800 ccm. Eine automatische Kupplung sorgt für einen cleanen Lenker. Außerdem ist zum Anfahren und Schalten kein Griff zum Handhebel mehr nötig. Weil die vorderen Bremsscheiben mit dem Fußpedal gekoppelt sind, bleibt auch die rechte Lenkerhälfte frei von Handhebeleien. Eine Kombination aus Luftfederung und Hydraulik-Komponenten verleiht der »JPS« ein stabiles Fahrverhalten, ausreichende Schräglagenfreiheit und die gewünschte superflache Drag-Style-Optik.

__ 330er-Hinterreifen, Einarmschwinge, schlanke Taille: Die JPS von Bozzies aus den Niederlanden kultiviert den Drag Style.

Lucky Strike
MOTOR
BOOTY!
THE ROCK'N'ROLL DANCEFLOOR
SATURDAYS AT MOLOTOW
REEPERBAHN - HAMBURG
BOZZIES
MV
BJ-26

Custom-Kracher von Thunderbike aus Hamminkeln: Resurrection mit Eigenbau-Rahmen.

110 Arlen Ness Motorcycles

The Godfather of Choppers

Es ist kaum möglich, über Custombikes zu sprechen, ohne andächtig den Namen Arlen Ness in den Mund zu nehmen. Bereits in den späten 1960er Jahren beschäftigte sich Ness intensiv mit dem Umbau seiner eigenen 1947er-Harley-Davidson Knucklehead. Weil sein visionärer Stil auf großes Interesse stieß, wagte der kreative Schrauber den Schritt in die Selbstständigkeit und eröffnete »Arlen's Motorcycle Accessories« in der Garage seines Hauses in San Leandro, Kalifornien. Bereits Anfang der 1970er zählte er zu den bekanntesten Bike Buildern, was einen Umzug in ein größeres Ladenlokal erforderte.

Arlen Ness gestaltete in den folgenden Jahren unzählige wegweisende Motorrad-Unikate – etwa die zweimotorige »Two Bad«, die von einem XLCH-Motor angetriebene «Unreal at Speed«, die barocke »Ness-Tique«, das »Blower Bike« mit Kompressor oder die von einem 57er-Chevy inspirierte »Ness-Stalgia«. So war er nicht nur ein Vorreiter der Custom-Szene, er baute auch einzigartige Motorräder mit unverwechselbarem Charakter und eigener Handschrift. Sein ganzes Leben hatte Ness dem Customizing verschrieben. Nicht ohne Grund nannte man ihn »The King of Custom Motorcycles«, den König der Custombikes.

Nach 30 Jahren im Motorrad-Business zog das Unternehmen »Arlen Ness Motorcycles« um in ein Gebäude in Dublin, Kalifornien, das auch ausreichend Raum für ein Privatmuseum mit mehr als 40 Motorradunikaten bot. Am 22. März 2019 starb Arlen Ness im Alter von 79 Jahren. Doch sein Sohn Cory Ness war früh genug in die Fußstapfen seines berühmten Vaters getreten und führt den Betrieb nun mit großem Enthusiasmus fort. Wie sehr sich Cory an den schöpferischen Arbeiten des Patriarchen orientiert, belegt sein zweimotoriger Side-by-Side-Bagger von 2016. Cory hat zwei S&S-124-cui-Motoren in einem gemeinsamen Motorgehäuse zusammengefasst und optisch geschickt in ein flaches, langes Bike im typischen Ness-Stil verbaut. Ein 26 Zoll großes Vorderrad und die fließend gestaltete Aluminiumverkleidung setzen markante Akzente. Keine Frage: »Arlen Ness Motorcycles« lebt weiter.

Unverwechselbarer Ness-Style: fließende Linienführung, aufwendige Lackierung und als technisches Schmankerl ein Side-by-Side-Antrieb aus zwei V2-Motoren.

FREEDOM
ERFORMANCE
exhaust
MIDWEST
Motorcycle Supply
MIDWEST
Motorcycle Supply
500
CORY
NESS
ARLEN NESS

111 Hellbender

High-End-Buell mit Turbolader

Nein, diese ausgefallene Buell XB9 ist keine Harley. Und dennoch hat sie einen Platz in diesem Buch verdient. Denn zum einen gehört die mittlerweile eingestellte Marke Buell zum Harley-Davidson Konzern, zum anderen wird sie von angeschärfter Milwaukee-Technik angetrieben. Also Vorhang auf für eine der sensationellsten Buells, die es je gegeben hat, die Hillbilly Hellbender.

Realisiert wurde der ultimative US-Roadster von den deutschen Buell-Spezialisten namens Hillbilly-Motors. Als führende Anbieter von Buell-Ersatzteilen planten sie, in der Hellbender viele neue Ideen zu vereinen und das Endergebnis in seiner Radikalität wie eine kunstvoll gestaltete Skulptur erscheinen zu lassen. Die Hillbilly-Crew rund um den umtriebigen Chef Jens Krüper verbaute also ein 9-Zoll-Hinterrad mit dicker 240er-Bereifung, ein knapp geschnittenes Short-Track-Heckteil, eine auffällige Frontmaske mit vertikal angeordnetem Scheinwerfer und unzählige weitere edle Details. Kernstück der konsequent in dunklem Metallic-Rot lackierten Maschine ist ein auf mächtige 1430 ccm gebrachter und mit Zylinderköpfen von M-Tek Engineering bestückter V2-Motor. Um dem High-End-Anspruch gerecht zu werden, wird das Aggregat obendrein über einen Turbolader zwangsbeatmet. Mit 145 PS und einem maximalen Drehmoment von 165 Newtonmetern fährt die Hellbender einer Serien-Buell – und den meisten anderen Naked Bikes auf unserem Planeten – auf und davon.

Jens Krüper ist der Marke Buell über die ganzen Jahre treu geblieben, auch nach 2009, dem Ende des Unternehmens aus East Troy, Wisconsin. 2006 verließ er die Eifel und zog nach Delsbo in Schweden, 350 Kilometer nördlich von Stockholm gelegen. Dort gründete er gemeinsam mit seiner Frau Birgitta und seiner Tochter Julia die Firma NCCR Northern Classic. Wie gehabt produziert der Familienbetrieb eigene Teile wie Motorradrahmen, importiert hochwertiges Zubehör und kümmert sich um Kundenmotorräder. Um welche Motorräder? Natürlich um Bikes der Marke Buell.

High-End-Buell: Dank Turbolader leistet der aufgeblasene Harley-V2 der Hellbender erstaunliche 145 PS.

M-TEK

357

Zuverlässig im Alltag und cool im Auftritt: Custombike mit modernem Motor im klassischen Starrrahmen.

Bildnachweis

© Dirk Mangartz: S. 9, 17, 19, 22/23, 25, 39, 71, 73, 74/75, 77, 81, 83, 85, 86/87, 89, 95, 99, 102/103, 118/119, 125, 137, 139, 154/155, 164/165, 167, 171, 173, 175, 176/177, 185, 195, 197, 199, 203, 224/225, 227, 231, 235, 237, 245, 249, 251, 253, 255, 257, 258/259, 261, 263, 265, 267, 269, 270/271, 273, 275, 276, 279, 280/281, 283, 285, 287, 288/289, 291, 293, 295, 299, 301, 302/303
© Archiv Harley-Davidson: S. 11, 13, 15, 21, 27, 29, 31, 33, 35, 37, 41, 43, 45, 47, 49, 51, 53, 54/55, 57, 59, 61, 63, 65, 67, 69, 79, 91, 93, 97, 101, 105, 107, 109, 111, 113, 115, 117, 121, 123, 127, 129, 131, 133, 135, 141, 143, 145, 147, 149, 151, 153, 157, 159, 161, 163, 169, 179, 181, 183, 187, 189, 191, 193, 198/199, 201, 205, 207, 209, 211, 212/213, 215, 217, 219, 221, 223, 228/229, 233, 239, 241, 243
© Peter Forewood: S. 247
© Thunderbike/Ben Ott: S. 296/297

Bibliografische Information der Deutschen Nationalbibliothek
Die Deutsche Nationalbibliothek verzeichnet diese Publikation in der Deutschen Nationalbibliografie; detaillierte bibliografische Daten sind im Internet über http://dnb.d-nb.de abrufbar.

Covergestaltung: Franziska Emons-Hausen
Layout: Jörg Weusthoff von Kirchbach, Weusthoff & Reiche Design, Hamburg nach einem Konzept von Lübbeke | Naumann | Thoben
Druck und Bindung: Optimal Media, Röbel/Müritz
Printed in Germany 2020
ISBN 978-3-7408-0939-3
Originalausgabe

Dirk Mangartz ist als Motorjournalist für Buch- und Zeitschriftenverlage tätig. Zudem betreut er Motorradhersteller und Motorradzubehör-Shops bei der Presse- und Öffentlichkeitsarbeit. Er war 15 Jahre lang als Chefredakteur für das Motorradmagazin Custombike tätig und schreibt heute Beiträge für verschiedene Fachzeitschriften und Tageszeitungen. Mit der Marke Harley-Davidson verbindet ihn eine tiefe Leidenschaft, die sich nicht zuletzt daran zeigt, dass er bereits diverse Modelle besessen hat und – viel wichtiger – gefahren ist.